后浪

零秒思考

像麦肯锡精英一样思考

[日] 赤羽雄二 —————— 著　　曹倩 —————— 译

江西人民出版社
Jiangxi People's Publishing House
全国百佳出版社

前　言

很多人绞尽脑汁思考，而实际却是原地踏步、毫无进展。

不是停滞不前就是徒劳无功。只要有别的事情分心，大脑就不再会好好运转，无法进行更深层次的思考。即使想好好考虑一下，但是眼前总会浮现出别的事情，无法集中精力思考。如此反反复复，花了时间却总是无法深入，得不出结论，只是来回兜圈子。

在深入思考之前，如果能让思考更积极，哪怕只是一点点也是好的。踌躇之时，光是在遇到问题时就烦恼：这也不对、那也不对，根本无法前进一步，更不用说去深入思考了。即使觉得自己已经深思熟虑，甚至已经思考到疲惫不堪，却仍止步不前。

归根结底，就是因为大多数人都不知道怎样才能做到"深入思考"。

当被别人说"你再好好想想""这想法太肤浅了"之类的话后，人们都会明白对方是在要求自己更深入地思考问题。虽然觉得只要深入思考了，就能做出了不起的事情，但是人们并不知道具体的方法。就算觉得"应该是这样吧",但也没什么自信。

回想起来,在日本,人们从小学开始便几乎没有进行过什么思考训练,或是高效率归纳思路的训练。除了写作文外,就再没有针对"深入思考"的教育。课堂发言也多以回答老师的提问为主,更不要提像美国那样"唇枪舌剑"地各抒己见了。况且,如何思考以及如何应对烦恼等更是完全没有涉及。

我认为,可以与他人正常交流、阅读书籍、上网的人都是聪明人。虽然其中也有一些人抗压能力较弱,但是人们都拥有自己的想法,只要环境足以令其安心,就可以畅抒己见。此外,人们还拥有足够的判断力。虽然各人的想法确实有深浅之分,但是这可以在交流中有所改善,而且这种能力在不同的年龄、学历、性别、经验等条件前并无差异。但令人惊讶的是,大多数人对此并没有自信,白白浪费了这些可贵的能力。

这实在太过可惜。只要掌握调整内心、归纳深化思考的方法,任何人都可以获得成长,令人刮目相看,在工作中也就可以独当一面了。同时,与人交流的烦恼也会随之减少,也会从不必要的烦恼中彻底解放出来。

我效力于麦肯锡公司的14年间,参与过企业的经营改革,从2000年起又加入了风险企业的共同创业及经营之中。所谓经营改革,即针对企业所面临的经营课题,从正面切入,改善收益、改革组织、创建新事业、推进人才培养等,与社长、事业部长、部长、课长等领导层进行合作,推进理念和行动上的改革。由于员工的战斗力在很大程度上会左右一个公司的未来，所以要求每一个人都必须成长为可以深入思考、制定解决方案并彻底执行的人才。

同时，我还频繁地在企业企划案大赛及大学风险投资类课程中为学生答疑解惑，并与形形色色的人进行过交流。

在这种努力以及与许多人的接触中，便存在着深入思考、调整内心的有效方法。不论是小学生、大学生，还是已步入社会的人，也不论性别、学历，甚至是国籍，这个方法对任何人都行之有效。

这个方法就是将浮现在脑海中的想法一个一个写下来，仅此而已。但是，并不是写在记事本或电脑里，而是将每一个想法都用1张A4纸记录下来。并且不能花时间慢慢地写，这张A4纸要在1分钟以内快速写完。像这样每天写10张，放到文件夹里，并在当天就整理完毕。只要这样做，便可以使麦肯锡课程中并未详尽教授的、却是最基本的"思考能力"得到锻炼。这个方法不仅可以帮助我们深入思考，还能够让我们逐渐接近"零秒思考"这一终极境界。如此一来，我们便可以随心所欲地控制自己的内心，压力、不安以及恐惧也会有所减轻，生活态度也会变得积极乐观。而且，这个做法也无需花费重金，在短短的3个星期内应该就可以感受到明显的效果。

具体做法将在之后的章节进行介绍。本书的第1章和第2章将向读者解释关于启发思考和"零秒思考"的内容。如果有读者迫不及待，希望能够立即实践，接近"零秒思考"的境界的话，也可以跳过前两章，从第3章开始阅读。

目　录

启发思考

怎么想，就怎么写

- 将浮现在脑中的意象、感觉变成语言
- 以自如准确地使用语言为目标
- 捕捉语言的核心意思和偏差
- 避免肤浅及徒劳无功的思考
- "沉思默想"及"滔滔不绝"都是误区

1.1 将浮现在脑中的意象、感觉变成语言

首先，希望读者们能够深刻认识思考和语言的关系——"思考通过语言来体现"并且"情感也可以变成语言"。除此之外，还要试着将浮现在脑中的意象、感觉变成语言。

人们经常觉得脑子稀里糊涂的，种种只言片语浮现于脑海，闪现的语言往往还未组织出来便稍纵即逝。那么，我们要做的就是努力尝试将上述这些情况变成语言，当某个想法刚一浮现就立刻将其用语言组织出来。虽说是将想法组织成语言，但仅靠脑子想，依旧只是一种朦胧不清、不够明确的状态，所以要写在纸上。即使是想到了一些不好的事情也没关系，还是要将其写下来。也就是说，要将人名、欲望、憎恨、懊悔这些都原原本本地写下来。即使自己对此事或此物感觉并不好，也要努力将其记录下来。不可思议的是，如此"畅所欲言"一番之后，人便会变得积极坦荡一些。

比如可以像下面这样写：

为什么上司不让我做那个项目?

是因为对我有什么不满吗? 以前, 我也举手表示过想做某个项目, 可是也没有给我做。

如果交给我做, 我绝对能做好。

为什么就是不交给我做呢?

这次也是, 为什么又不给我做呢?

在这个领域, 我是不是不怎么被上司看好啊?

但是, 昨天上司明明夸奖我了, 这还挺少见的。难道是说上司对我的评价不错?

不让我来做, 是不是有其他理由呢?

难道说, 上司是打算让我来做其他项目?

这样想也对, 说不定是我想太多了。但是……

我真是对这事耿耿于怀。

明天, 我要去跟上司说说这事!

又或者可以这样写:

我为什么跟男朋友吵架了呢?

是因为我不喜欢他买给我的生日礼物吗?

但是, 我确实不是很喜欢啊。

谁会买那种东西啊。

之前送我的礼物也奇奇怪怪的。

但是，一个男生能记着我的生日还有我们第一次约会的日子已经非常努力了吧。

而且，他对我也很认真。

他还说他努力打了很多的工，才给我买的礼物。

也许是我说话有点过分了吧。

也许我该跟他道歉吧？

但是，这又不是我的错，我又不喜欢那个礼物。

但是，他忙着准备考试，又抽出时间打工攒钱给我买了礼物。

这也说明他很踏实，而且兼顾学习和打工是很辛苦的吧！

但他的眼光还真是有点差劲啊。

但是，还是给他发个道歉的短信吧。

啊！回短信了！他一定是一直等着我的短信呢，幸亏给他发了。

也会有无论怎么写，心情都无法改变的时候吧。但是大多数时候，如果没有任何顾虑地写下来，到最后心情总会变得好一些。因为不用顾虑说了这些话会被他人怎么看，把想说的都写出来了，所以整个人会很痛快。这跟失恋之后，大哭一场就可以继续向前走是一个道理。

虽然一开始会担心写这些话好不好，但其实很快就会适应。

只要将写下来的纸收在别人看不到的地方就可以了。因为谁也看不到，所以就不用担心了。

虽然会犹豫要不要写这些，并且有点不好意思，但是只要硬写下来，会意外地发现自己可以做到。有一种说法叫做"编织语言"，其实就是这种感觉。这并不是说编故事，而是编织自己的心情。因为不用顾虑他人，所以就会越写越多。如果仅是写下脑中浮想出的片断，那么不善于写文章的人也可以做得非常好。也许有些人想写却害怕写得不够漂亮，但这种方法无需在意语句的前后顺序和表现手法，所以适用于任何人。只要不在意他人的看法就什么都能写。特别是郁郁寡欢时，更是可以无止境地写下去。

任何人只要在醒着的时候，总是能感觉到些什么。人们会思考，并会在脑海中浮现出某些意象。但是，这些都是转瞬即逝的。这些意象在转换成语言之前，便在含混朦胧、内心郁结的状态下消失了。虽然会暂时忘记，但这种郁结于心的感觉其实并未消解，也不可能会自然而然地消失殆尽。所以，人的心情便会越来越消沉。

"总觉得不高兴、不爽""说不上怎么了，就是觉得心里很乱""虽然很讨厌，但是怎么也没办法干脆忘在脑后"——这些心情任谁都会有吧，或者说，每天都会有几次这种感觉袭来。这种情况下，有时会当场抛之脑后忘得一干二净，但有时也会积压在心底，越积越重。

　　我的建议是，将这种心情转换成语言，毫无顾虑地写下来。这样做就可以将这种郁结于心的情绪发泄出来。写出来并不是为了让别人看，所以也就完全不用有所顾虑。反正把它写下来，既不会成为现实，也不会发生什么坏事。

　　愤怒、不满、不安等，比起内心的郁闷，情感更明确，因此也更容易被人们所感知和理解，更容易转换成语言。只要毫不犹豫地拿起笔来，任何人都可以变得畅所欲"书"，其问题只在于习惯不习惯这种方法。

　　也许很多人都主张"不想抱怨""不想说别人坏话"，能够这样想的确很了不起。但话虽如此，放任不管这些念头，它们也不会凭空消失。首先，没有人可以化解掉这种念头。如果无视这种情感，或者强行将其封闭在内心深处，则必然会再次冒出来；如果没有发泄在当事人身上，就会发泄在别人或别的事情上，最终可能会以不好的结局收场。如果是这样，还不如毫无顾虑地在纸上倾吐心声更好（当然，不要给别人看到，一定要放在别人找不到的地方）。

　　此外，在每天的日常生活和工作中，虽然会不断有灵感和创意出现，但是也会有消极的想法以及不安涌现，觉得"这样做应该不行吧""这个绝对行不通""我绝对做不到"。把这些也写下来就可以了，而且要毫无保留。不要想着遣词造句、语言优美，只要直白地表达出来就好。

　　如此一来，这些灵感和创意的全貌便会浮现在眼前。实际

上自己所在意的地方和觉得不错的地方，也都会一一呈现。对
那些因为顾虑重重而没有深入思考的问题，也会有所留意。因
为这不是给上司看的企划书，所以完全不用顾虑其看起来怎么
样，只要从自己介意的事情、注意到的事情开始写起就可以了。

1.2　以自如准确地使用语言为目标

　　一旦适应了用语言表达脑海中的意象和感觉，渐渐地就不会为如何表达自己的心情和想法而苦恼了。想表达的内容能够脱口而出，也就不会感到有压力了。而且不会因为斟酌词句而犯难，可以通过用笔进行思考和表达。这样一直坚持下去的话，就会更加顺畅流利地表达自我。

　　能够顺畅地表达，在工作和生活中才能更容易与对方沟通，更能让对方立刻心领神会。由于我们能够轻松地完成说和写，展现出最自然的自我，对方便能够安心。如此一来，当对方安下心来，便更有助于其理解。

　　交流沟通，在双方以一颗平常心、能够互相体谅的时候进行最为有效。表达意图时会更加容易，当然也就不容易起争执。

　　在对对方有疑问的时候，因为是在很好地解释了我方情况的前提下进行的质疑，所以也很容易推进谈话。这样做会使交谈变得愉快，也会促成更进一步的解释和讨论。由于在这种情况下提出疑问不容易跑题，所以双方在享受对话的同时，也能够心情愉悦地继续提问与解释。

如果能够采用这种交流方式，那么就可以淡然自若地面对各种会议，不会压抑自己的心情或是勉强自已，可以做到更自然、更准确地表达自己的想法。这样做也不会造成双方情绪上的碰撞或者争吵得面红耳赤，这时我们可以说："关于您所提出的问题，为了能让双方公司都得到一个满意的结果，我们会对交付期和费用充分地确认来推进合作。"或者是："虽然我们也知道在交付期和费用上有一些困难之处，但是针对此前补充提出的方案中的问题，如果能够允许我们延期至第2阶段，我们将不胜感激。"这样的表达既有礼貌又直截了当。

如果是更加棘手的情况，便可以这样说："关于上周企划会议上的讨论，虽然因为出现了不同意见而有些难办，但是我们也得到了上司对这件事情特别之处的理解。今后，恳请务必做好事先确认工作。"或者可以说："关于请您介绍工程师一事，由于此前再三与您联系却并未得到回音，所以我们拜托了其他公司。并且因为已经物色到了一位优秀的候选人，所以这次就不用劳烦您再介绍了。"上述这些都是礼貌并直接的说法。在尊重了对方立场的同时，既没有妥协，也不显卑微。

如果能对可能会惹对方不高兴或引起争执的事情与对方很好地进行沟通，那么会议便会得到建设性的进展，相互间也就不会产生芥蒂。因为没有重重顾虑或意见相左之处，所以双方都会处于一种愉悦的心情中。这样一来会有助于解决更多的问题，不会因太过在意和顾虑而导致协商受阻，工作也会因此变得更加顺利。对于复杂的问题，也可以灵活地掌控。

大多数工作都是在一次次的交谈和邮件往来中开展的。如果能够做到准确表达、不过分顾虑的话，就更容易向前推进。但往往致使问题恶化的是，由于过度的顾虑而导致对策拖延，早期可以解决的问题和分歧都被搁置了。对于这些问题和分歧，只要保持积极的态度，就能采取相应的行动。只要能够自如并准确地使用语言，那么所有的工作就都可以顺利进行了。

人们可能感觉在交流中既保持礼貌又不会显得过于顾虑的分寸感不好拿捏，可能也会因此感到奇怪。大多数人都有过失败的经验，想到什么事也不与人交流，只是埋头工作。为了不让别人说自己"没眼色"，难道人们不是在一直极力使自己"有眼色"吗？

即使是朋友之间，如果怎么想就怎么说，也会引发大问题，或是觉得会引发大问题。所以，大家不都是把想说的话吞回肚子里去，或是不明确表达自己的意思，让过去的事就那么过去了吗？确实，如果不考虑一下对方的感受，想什么就说什么，很容易引起争执。但是，在认为这种行为至少表达出了自己的想法之前，这些脱口而出的话不都有些片面或有失偏颇吗？结果，就会更加犹豫到底要不要将自己的想法说出口了。

只要有了这种想法，那么表达本身就会变得困难。如果表达不善，便会产生一种反正想也是白想的放弃心理，由此甚至连思考本身都彻底放弃了。

不动脑，人就不会成长。如果不经过思考并对事物进行整理来解决问题的话，心情也不会变好。渐渐地就会失去干劲，工作也会变得无聊，也就很难做出成绩了。如果已经处于这样一种状态，就必须立刻释放自我。

随着不断尝试用语言表达自己脑海中的意象和感觉，渐渐就会对此有所适应并逐步成型。对于转化成语言的犹豫心理也会渐渐消失，写起来也就更容易了。在不知不觉中会变得可以轻松言谈书写，可以在不伤害对方情绪的情况下表达自我。

到此，终于接近"适应语言、使用语言"这一阶段了。在这一阶段，人们已经可以像吃饭看电视一样，自然自如地使用语言了。对于使用语言的抵抗心理和犹豫逐渐消失，就能更加随心所欲和准确无误地表达自己的意图，从太过拘束顾虑使得头脑及感知能力麻痹的状态中前进一大步。

1.3　捕捉语言的核心意思和偏差

　　不论是在思考的言语化还是交流过程中，都需要注意语言意思中的偏差。

　　每一个词句都有其核心意思。在某个地域、时代、交流圈子中，每个人对词句都有一个大致的理解，并且不会有太大的分歧，这个意思便是其核心意思。

　　比如说"朝"（上午）这个字，大体指正午之前的时间段。绝大多数日本人都会将其理解成截至中午之前吧？虽然在不同的业界也许会有人认为"朝"是指到下午 2 点之前，但这绝对只是一小部分人。绝大多数人在"'朝'究竟到何时为止"这个问题上是没有太大分歧的。

　　但是，对于"朝"究竟是从几点开始则相当因人而异了。不少人在凌晨 3 点便爬起来开始早晨的工作。但是认为是从早晨 6 点左右开始的人和睡到 9 点半才起所以认为那会儿才是上午的人也是有的吧。

　　学校、工作、自行车等事物的表现形式，相比之下大多拥有共通的含义。这种词所指的实际事物虽有新旧之分，但是并不会造成很大的误解和分歧。只要略加说明即可明确表达，比如"那边那辆新的自行车"或者"虽然现在放在杂物间，但是那是我小学时骑的自行车"等。这些词语的意思都只有一个。

此外，诸如辛苦、悲伤、喜爱等情感的表现，虽然看似含糊，但是大多数人对其还是拥有比较类似的理解。虽然不像事物那样有较高的统一性，但是意思还是大体相似的。

另一方面，比如"全力以赴""责任感""一定去做"这种话，人与人所表达的意思也相差甚远。这是因为这些话是基于每一个人的标准、价值观、背景、成功经验、失败经验等得出的，所以人与人之间也有很大差异。每个人都是按照自己的标准来决定这些话的意思，并且在无意识中与他人进行交流的。

比如对于"全力以赴"，有的人认为是指从 10 点到 18 点的努力，也有人认为是指每天 18 个小时以上的努力。有人认为肯定包括熬夜，但也有人认为绝对不可能包括熬夜什么的。认为全力以赴绝对不可能包括熬夜的人中，有的人是因为不知道努力成那样的意义是什么，也有人是因为如果熬夜第二天的效率就上不去，所以再全力以赴也不会熬夜。

对于"责任感"也是因人而异，有的人认为是"不论什么事都必须绝对执行，即使事关自己的名誉和性命也在所不惜"；而有的人则认为是"因为必须要做，所以想办法在力所能及的范围内做就可以了"。更过分的是，有时候有些人完全没有考虑过这个词的意思。

如上所述，所有的语言都包括那个地域、时代、交流圈子的大多数人通常所理解的核心意思，以及个人或小团体中的偏差。此外，根据词与词的不同，其偏差的幅度也有大小之分。

就连同一个词都存在核心意思不一致的情况，比如，白并非白，而是灰，更有甚者可能是指黑。

综上所述，人们需要经常思考，才能深刻理解自己和他人的语言的正确意思，以及是因什么意图说出了这样的言论，是有意的还是无意的。

此外，对于每一个词句的意思范围有多宽、跟平常所使用的意思有什么样的偏差、不同人之间的解读偏差有多大等问题都要经常思考，深入理解，这不论对于工作还是生活都是非常有帮助的。并且，不仅仅是有帮助而已，有时还会起到决定性的作用。

正因为有这种意思上的偏差，所以对我们来说语言敏感、用词精准的人所说的话会非常易懂。这是因为这种人的话定义明确，很容易被理解，其所做的每一个说明都会让人自然而然地听进去。

语言不存在偏差，想说的话都能让对方准确地理解，听者也就不会烦恼讲话的人在说什么，话里的意图又是什么了。这样自然也就不会产生误解，相互间的沟通交流也会更加顺畅。

如果身边有说话很明白的人，那么请一定留意这些人的语言感觉、用词方式等。然后你就会发现这些人说话毫不矫情造作，而且很容易听进去，语言的选择又非常准确，不会产生歧义。并且，这些人的话并不仅仅将自己的意图解释清楚，听者也不会觉得话的内容别扭。即使是在解释一个新的概念，听者也会觉得"原来如此，是这样啊"。这些人的每一个用词造句的意思都很准确，也符合听者的理解方式，即使有出入，也能为听者进行解释。其话语中没有牵强的部分，更不会内容跳跃，上下不衔接。

这种人不仅语言表达能力好，看问题抓重点也是一把好手，所以很多工作做得也很优秀。自己不乱，一起工作的人也就不会乱，一切都会井然有序地进行。

如果说话直率不拐弯抹角，也很容易获得别人的好感。而说话恰当适度，也就不容易打击别人的积极性。自然而然地，就会获得尊敬和信赖，成为一名优秀的领导者。

人如果在说话的时候总是概念明确，想说的话就能不费劲地说出来，也不会感到有压力，可以轻松地表达自己的意思和感情。说话的人没有压力，就能自然地与人交流，相应地，听者便能放松，也就更容易听进去。这正是领导能力的源泉。

说一个人聪明、工作能力强，很多时候其实是因为这个人的语言感觉敏锐，良好的沟通能力展现了其闪光之处。

那么，语言感觉迟钝的人该怎么办呢？语言感觉迟钝的人往往不只是语言使用不准确，令听者难以明白其意图，其想法本身也是模糊不清的。说出口的话辞不达意，一着急还会不断说出让人不知所云的话来。有些人如果没人阻止，甚至会连续说上几十分钟。

1.4　避免肤浅及徒劳无功的思考

很多人可能觉得自己对语言的感觉灵敏，并且经常思考。

然而，无论在什么情况下都能迅速把握住状况，将诸如"因为是这样所以才会有这个结果，这应该就是原因""对此的紧急对策应该是这样，中期必须要这样做"之类的想法进行整理并说明，能够做到这些的人其实少之又少。

举个例子，在打算提高小组工作效率的会议上有人可能会这样说：

> 为了提高小组的工作效率，我想缩短会议时间。说到会议，用完会议室又不给好好收拾干净是很令人发愁的。大家每周大概出席几次会议呢？现在每次会议的时间一般是一个半小时到两个小时。会上谁发言也是决定好了的。不发言的人就真的一言不发。总之，大家都要好好出席会议，让我们一起提高工作效率！

这些话着实令人不明所以。这是因为说这些话的人根本没有深入思考"工作效率"到底是什么意思，这次发言应该怎么收尾。因此，虽然一上来就提出要提高工作效率，但是要求大家付之行动的却是"好好出席会议"这个跑题了的结尾。

当然，这些话的意思大家应该还是能明白的，但是由于平时没有进行深入思考，所以非常情绪化。说话人并没有准确掌握每一个词句的正确意思，也没有注意到自己说的话其实有些辞不达意，所以一直到最后都没有表达清楚。这样一来，周围的人自然也理解不了，工作就不能顺利开展。

这种人不仅说话重点模糊，让周围的人听不明白，表达的时候也会因为掌握不好分寸而在不经意间伤害到别人，或者本打算调节气氛却因为说了无趣的笑话反而扫了兴，这种人只要与人接触就总是会引发一些问题。在你身边是不是也有几个这样的人呢，又或者你便是这样的人？

另一方面，如果是论点明确的人，则会这样说：

为了提高小组的工作效率，我想缩短会议时间。现在，一个半小时以上的会议占总数的一半以上，甚至很多时候还会出现要开两个小时以上的会议。对于会议时间为什么会这么长我进行了思考，大体想到如下几个原因：

第一，会议目的不明确，喋喋不休说个没完。

第二，第一点也会造成会议期间的讨论大幅偏离主题。

第三，每一个人的发言都很长，而且结论不明确。

第四，每个人都没有会议成本的概念，觉得只要聚在一起说话就可以了。

那么，接下来我针对这几个问题考虑了相应的对策。

关于第一个问题，大多数会议举办的目的其实并不是很明确，与会者也并不清楚要达到什么目的，所以就会喋喋不休说个没完。对此，今后在召开会议的时候，要明确会议目的、讨论课题、预定结束时间这三点。对于究竟改善了多少，我想下次再进行评价。接下来是第二个问题……

如果像上述这样表达就会很明确易懂，论点也没有跑题，这跟之前那个例子相比也没有语言上的偏差。说话人自然地发挥了自己的领导能力，问题也很容易解决。这也会让说话人自己感受到成就感，逐渐成长为一个更优秀的领导人。

如上所述，普通人虽然觉得自己经常思考，但实际上很多想法都是肤浅的、徒劳无功的。与其说是不聪明，不如说是没有接受过思考的训练所致。

思考上的肤浅指的是，没有按照文字进行深入思考，只是考虑了表面的意思。因为没有进行思考，所以一旦被问及话里的意思，就会语塞。如果说话时不考虑自己所用的词句究竟是什么意思、对方会如何理解、怎么解释会更好，那么问题将会数不胜数。像这种情况，在解释不下去的时候，多数都是因为想法本身就已经错了。

　　思考上的徒劳无功是指，对于一个课题不进行深入思考，也没有高质量地解决问题，仅仅是触碰到问题表面就结束了。例如，在如何削减会议时间的讨论上，询问与会者为什么会议时间会这么长、哪个部分长、无法缩短的瓶颈在哪里、如何才能缩短，并对这些问题进行深入思考的话就不会徒劳无功了。这样做，迟早都会探寻到问题的本质。

　　但是，很多人对于是否提出问题感到很犹豫。在日本，有些人认为提问是没礼貌的，或是要考虑整体的氛围。在欧美，提问与回答要比日本积极热烈得多，所以到欧美留学的日本人首先觉得困惑的便是这一点吧。另外，在犹豫到底要不要提问之前，日本人的问题意识本身就比较薄弱，也想不到要提问，而这正是最根本的问题所在。

　　如果思考和讨论都是徒劳无功的，那么一味花时间去想也不会有进展，无法深入。因此，也就止步于表面而泛泛的思考了。

　　那么为什么会这样呢？很遗憾，这是因为日本从小学到大学都没有给学生进行过"深入思考的训练"以及"认真思考的训练"。

　　虽然对于日本学校教育的不足，我在本书开篇已经进行了论述，但是，即使是在我摸爬滚打了 14 年的麦肯锡公司也是有问题的。麦肯锡虽然会彻底地灌输课题整理、分析以及战略制定等方法，但是在这里却几乎学习不到可以"迅速深刻思考的方法", 以及"调整心情、保持心态平稳, 使头脑保持最快速运转的方法"。这恐怕是因为麦肯锡认为这些属于个人能力的范畴, 而且是极其基本的一项技能, 所以人们自然已经掌握了吧。但是无论怎么看, 在思考方面人与人之间的差距是很大的, 能够做到"调整心情、保持心态平稳"的人绝对是少数。

不断深入思考, 绞尽脑汁想出所有的可能性, 并对其进行评价和排序等做法, 其实与举重训练是一样的, 越多加训练越有力气。读完本书之后, 开始每天写 10 页笔记的人, 几周内便会感到效果显著, 就如同举重训练一样。

经过这种训练之后, 大脑就会得到大幅的整理, 语言选择也会变得准确无误。而且这是一种适用于所有人的训练, 与学历、工作经验、人生经历、立场等完全没有关系, 当然跟性别、国籍、年龄也就更没关系了。但是几乎所有人都不知道存在着这么一种可以强化思考的方法, 而还在一直做着徒劳无功的事情。

当然, 这个世界上确实也有跟这种努力绝缘的"思考天才"。比如不用语言思考的专业棋手就是这类天才的典型。专业的棋手可以读到 100 步以后, 并且在很多年以后还记得。但是用语言思考与这类思考是不同的。好好思考、使用准确的语言进行交流完全不需要像专业棋手那样的头脑。我们所有人都可以通过训练变得比现在能够深入思考很多倍, 能够更准确地理解语言的意思, 并纯熟地加以运用。

1.5 "沉思默想"及"滔滔不绝"都是误区

接下来，让我们从不同的角度再来看看。有一个词叫做"沉思默想"，但是只是一味地思考，仅想着不是这样也不是那样是不会有进展的。大多数情况下，这样做都只是在浪费时间。

如果默默思考，就能实现深入思考的话那也好，但是对于绝大多数人来说，头脑中都会浮现出一些想法或不安，然后又随即消失，如此浮现、消失反反复复，大部分都没有成型。因为没有写下来所以也谈不上积累，想法也不会深入。

人们会因为还是有点惦记，就在网上搜寻相关报道，可是又找不到什么好的想法，于是就这么在不安中度过了一两个小时。有时觉得一个想法不错，查了查却发现并不是那么回事；或是又查到了别的想法，但是再一查又发现了不足之处。

一个人郁闷找不到办法，于是便厌倦了思考，兜了一个大圈子搞得自己疲惫不堪，最后还是回到了原点。

另一方面，有些人一想到什么就会立刻跟别人说，并且是毫无保留地说出来。很多时候，一旦说出来，自己也能发现许多问题，说的途中还会产生新想法。

　　这也算是一种不错的方法，但是如果在说的时候有了一些想法，比起继续滔滔不绝地说，不如先暂时改变一下方式，将这些想法写下来，并将其进一步深化，这样做可能会更早得出结论。通过写下来，先将所思所想进行一次整理，并在此基础之上再继续说。PDCA 循环（Plan-Do-Check-Action，即计划、执行、核查、行动）也会更快地实施。

　　冷静时就算了，与人说话时必须要注意一点，就是不要感情用事。虽然情感爆发出来，痛痛快快地发泄一通会觉得舒服不少，自己也很感谢对方的倾听，也更有干劲了，但是对方可受不了。不论关系多好，对方最终都会对你敬而远之。更重要的是，这样做自己就永远学不会独立思考、整理问题、明确前进方向了。

　　在这时，我便建议使用写下来这种方法。将思考的各个阶段和脑海中想到的事物都写下来，就不会再空兜圈子了。单纯的情感碰撞便会消失，而写下来的东西以文字的形式呈现在眼前，所思所想也就会自然地进一步展开，不用费力就能深入思考，而这种方法适用于任何人。

　　如果只是空想"怎样才能缩短会议时间"，很容易就只是在兜圈子而得不到答案。但是写下来就不一样了：整理现状，分析会议时间为什么长，举出缩短会议时间的种种方法，并逐一列出具体的行动就成为了可能。

如果在写的时候过分注意语言的选择，思考就会受阻。所以，与其考虑怎么写，倒不如不要想那么多，把浮现在脑海中的话原封不动地一个接一个写下来会更好。很多人可能都觉得，"要是能做到这点我就不用费劲了"，或者对写下来这件事本身就有点畏惧，但实际上一点都不难。只要下决心去做，其实很快就能掌握，这只是适应的问题。在读完本书之后，您肯定会得到某种程度的提高，头脑也会变得非常灵活。所以请放心继续阅读。

人们的烦恼在得到某种程度的宣泄之后，心情会变得更轻松，意外地也就能想到办法了，思考也会更加深入。此前一直无法统观的大局，也会渐渐清晰起来。

所谓统观大局，换句话说就是"知道整体是怎样的""知道朝向哪个方向""能够整理总体的架构"。如果用一份资料来比喻，就是有了目录。脑海中系统地明确了最初该说什么，接下来该说什么，再之后的内容，最后该怎么归纳。如此一来，头脑就会得到更进一步的整理，想法如泉涌，思考中的漏洞也会减少，对于听者来说也很容易理解。

很多人应该都有过这种经验吧：在写企划、提案、报告等时，最开始总是不知道如何下手，但是一旦目录定下来了，想法就会不断涌出，要做的就只是写下来而已。本书就是要告诉大家如何有意识地加快这种进程的方法。

第 2 章

零秒思考，你也可以做到

当断不断，必受其乱

- 多花时间并不意味着思考可以深入
- 当机立断的能者及优秀的经营者
- 终极目标：零秒思考
- 零秒思考和信息收集
- 通过做笔记掌握零秒思考
- 做笔记的好处

2.1　多花时间并不意味着思考可以深入

在处理重要问题或事情时，有些人喜欢选择花整整一个下午的时间全力以赴，或是一直与他人讨论到第二天早晨的方式。他们认为这种方法可以将问题讨论得非常透彻。某些公司还会将这种做法当做是一种标准方式。不光是大企业，就连非常珍惜时间的中小型新兴企业也不乏有选择这种方式的。

但是，要说这种方法能否使会议有效率、抓住重点，或是能否准确把握现状、做出决定并付诸实践的话，则相当令人怀疑。当然，这种方法会让人有一种做了大量工作的感觉。长时间地讨论，便会感觉这一天过得非常充实。但是，这样做是否就能迅速做出决定，我认为并非如此。

大体上，如果选择花整整一个下午的时间或从傍晚一直工作到深夜，甚至弄不好就要讨论到天亮这种做法，单是与会者就需要耗费一大笔会议花销。而且因为耗尽了体力和精力，所以恢复起来也需要很长的时间。不仅如此，那些在会议中没有参加讨论的下属实际上就是在浪费时间等待而已。即使上司认为"就算没有参与会议讨论，下属也应当在做自己的工作"，但是，越是重要的会议，在决定出最终结果之前，下属就越难开展工作。

更严重的是，如果上司出差或参加大型会议而长时间不在的话，那真可谓是群龙无首，下属很容易就会无所事事，只剩下百无聊赖地等待了。而且上司越是唠唠叨叨，没有很好地将权限委托给下属，这种情况就越容易出现。

综上所述，整个团队在工作协调方面的恢复时间是非常惊人的。而且不仅恢复需要花时间，此前所浪费掉的数百个小时的时间也无法挽回。我完全不觉得上司可以为了自己感到充实，而将这种徒劳无功正当化。虽然花时间了，或者说正是因为花时间了，最关键的讨论内容却极其泛泛。虽然从个人心情上来讲是非常亢奋的，但是内容却另当别论。所以说花时间并不意味着思考可以深入。

即使是一个人的工作也是如此。特别是坐在办公桌前的工作，大部分时间会浪费在烦恼或兜圈子上。这么办好还是那么办好、这样说了上司会怎样之类的烦恼可谓无穷无尽。要制作两个星期后为客户会议所准备的企划书，却始终烦恼不知该如何是好，即使拿定了主意，也觉得需要修改，在目录和整体构成上也要花费时间。就这样好几天过去了，终于想办法做出了一份企划书草案，却总因为不满意而反复修改。因为上次被上司大发雷霆的情景还记忆犹新，所以也不敢去找上司商量。在彷徨无计时，又开始烦恼是不是题目也有点不好。然后就突然惊觉只剩两天时间了，于是又不得不熬夜……

　　不知道读者们有没有上述的经验。完全没有这种烦恼的读者在工作中真可谓是出类拔萃的。但据我所知，大多数人多少都会在烦恼中摸索着工作，郁闷不已却也只能维持现状，而且基本都得不到上司或前辈的帮助。虽然上司或前辈可能会提出一些建议，却不会认真给下属讲解思考的过程，以及如何做才能更好地思考、完成企划吧。理所当然地，下属思考出的想法也不会出现大幅度的质的提高。

　　这不仅对于社会，对于自己也是一笔极大的损失。这并不是为自己减轻工作负担的问题，而是使用这种"笨方法"，人就不会成长。没有成长，人就不会感受到真正意义上的快乐。

　　而且如果只是没有成长或是不快乐的话也就算了，近日在无忧无虑、悠闲自得中丢了饭碗的风险可是非常高的，就连大企业也几乎没有终身雇佣制了。即使这次会窃喜自己不在裁员名单中，但是没准下次就轮到自己了，而且整个公司都倒闭的可能性也是有的。到那时，如果还是采用安逸的工作方式，那么再就业的机会也会非常渺小。

2.2　当机立断的能者及优秀的经营者

如前所述，很多人的思考过程都是漫长的，但是有极少一部分优秀的人可以快速思考并做出决断。这些人连 1 分钟的时间都不浪费，能够极其快速地收集信息、做出决定，并迅速付诸行动。他们能够用惊人的速度完成一份非常有内容的企划书，如果再花一些时间，内容就会更加完善。

但是，这种人确实只是一小部分。绝大多数人还是在没完没了地耗费着时间。而且不管着不着急，都不会像自己想的那样深化思考。花了两倍的时间并不意味着内容就好了两倍。

人与人之间为什么会有这么大的差距呢？

第一点便是在上一章谈到的训练不足。怎样做才能高效地展开工作，怎样做才能迅速归纳思考、深入分析、简单明了地进行整理，怎样做才能调动团队顺利地交出结果等，无论是学校还是社会，统统都没有提供训练。

新进公司的员工学习了很多文件的书写方式和礼貌礼仪。但是，瞬间掌握信息、整理问题点、考虑解决对策等跟"思考"

有关的"基本功"却几乎得不到任何训练。

在我曾工作过的麦肯锡内部，那些优秀的员工虽然本身资质很好，而且还会得到优秀前辈的言传身教，但是，一旦被认为没有能力，便得不到这些教诲了，甚至还会被烙上"这个人太平凡""这个人不行"的烙印。而那些略有一些资质的人如果能够得到展现的机会，碰巧进入优秀员工的行列则是一种幸运，但是如果没有做到这点那便很难挽回了。当然，并不是说没有人可以通过特殊的努力或尝试成长起来，但是最开始的冲刺是相当关键的。

第二点则是对"效率"这个概念认识的欠缺。不论哪个公司都会花大力气提高生产线上的效率，但是在制作企划书、报告，以及邮件往来等事务方面，人们却普遍没有"效率"这个概念，也没有为了提高效率而进行什么努力。虽然如果工作过分拖拉，肯定会遭到催促和训斥，但是大家都有一个共识，那便是每一个人以及每一份工作都各不相同，所以花费的时间自然不一样。虽然生产成本已经精确到 1 日元甚至更小的数值来进行管理，但是人们却不把员工思考、决断以及大脑运转速度的快慢当做问题来看待。

岂止是这样，甚至还有人认为，只要花时间或是耐心地等下去就会萌生出好主意，想法便会从天而降。虽然偶然获得这种"神的启示"也不是完全不可能的事情，但是"神的启示"是在人们始终绞尽脑汁，却总也无法跨越眼前的难关时，于某一天突然出现在眼前，令人豁然开朗的东西。它只会降临在真正付出了极大努力的人身上。只是付出了一点点努力就将"等待'神的启示'降临"这种话挂在嘴边，这种人也不过是在找借口罢了。

人们都希望花费了时间就能够得到相应的成果，但遗憾的是，对于大多数人来说，思考的时间和想法的质与量是不成比例的。思考迅速的人会变得越来越惊人地迅速；反之，慢吞吞的人会变得慢得让人难以原谅。

另一方面，再来看看经营者，他们中大多数人（特别是优秀的经营者）做事都是当机立断的。当然，如果是需要慎重讨论或是与他人有利害关系的事情，他们也会谨慎行事，但是从心理上来讲，他们早已拿定了主意。即使有犹豫的地方，他们心中也非常清楚 A 方案、B 方案以及 C 方案的利弊。

为什么优秀的经营者、优秀的领导者能够做到当机立断呢？

这是因为他们平时就不断在思考这些问题，而且从不倦怠地收集着必要的信息，使自己保持灵敏，他们的信息情报"接收器"始终处于强信号的接收状态。此外，他们还会与所涉及领域的专家建立一定的关系网，并拥有几个可以信赖的商量对象。他们经常在做最好的打算和最坏的打算。对于他们来说，这一步棋会带来怎样的后果、今后的竞争动向等问题全都了然于胸。正是因为这些人时刻处于备战状态，所以无论发生什么都能冷静面对，并且能够完全慎重、准确且快速地处理。

换句话说就是，这些人面对任何情况都能快速地提出一个大致的设想。提出设想后便进行验证，如果发现设想有误便立刻重新考虑。这个过程是极快的，而且这些人也不会在这个过程中迷失方向。

举个例子，比如关于以女性为目标受众群体的智能手机占卜软件的推广企划如下：

25 至 29 岁的都市女性拥有 iPhone 的比率很高，这些女性一般是下班回家先稍作休息，晚上 9 点以后便会开始使用占卜软件吧？因此，为了提高她们的使用率，瞄准这个时间段，推出这个时间段限定的推广企划怎么样？

好了，我们现在已经提出了上述这样一个设想。那么对于这个设想，我们需要进行怎样的验证呢？

1. 25 至 29 岁的都市女性拥有 iPhone 的比率很高，这究竟是不是真的？关于这一点可以通过网上搜索等方法进行确认。还可以向该领域的专家打电话咨询，或者直接询问几位这个年龄段的女性。由此便能从中理解目标群体的意识、价值观、行为模式等，对此有一个切身的体会。

2. 归根结底，将目标群体设定为 25 至 29 岁的都市女性真的合适吗？她们的使用率真的很高吗？这个也可以通过上网搜索和咨询专家等方式来进行确认。

3. 关于目标群体是否真的是在晚上 9 点以后使用占卜软件，可以使用采访目标群体等方式进行确认。此外，对于使用者一般都是在哪个时段使用 iPhone，既可以直接进行用户调查，也可以利用网络上的市场调查结果。

4. 对于目标群体会对什么样的宣传动心，可以向认识的软件制作方进行确认，或分析自家公司的数据。

除上述四条外，还可以通过其他方法对这一设想进行验证。因为经常会出现与设想不一致的地方，所以要立刻改正。

虽然大家可能都认为经营者中大多都是人才，但在签约员工或者打工者中也是有很多人才的。因为人本来就很聪明。

2.3　终极目标：零秒思考

原本不知道该怎么说的话，如今能当场用语言表达出来，思考也得到了深化，这样不仅会使思路得到开拓，思考的速度也会越来越快。以前需要考虑三四天的事情，现在只需要几个小时就能搞定了；有些以前需要耗时 1 个月的项目，现在甚至 1 个星期就能做完。效率提高了几倍甚至几十倍。

由此，人们也能够对问题进行整理，看清本质，找到根本的解决策略和备选方法。对各种方法的优缺点便也了如指掌，提出的对策也能准确抓住问题的本质、把握整体的态势。

这种思考的"质"与"速"的终极目标便是"零秒思考"。

所谓"零秒"，就是瞬间便能认清现状，瞬间便能整理问题，瞬间便能考虑出解决办法，瞬间便能决定该如何行动。没有犹豫的时间，也没有烦恼的时间。

虽然在达到"零秒思考"的境界之后，很多时候都能"瞬间"完成上述一系列过程，也有一些特殊情况是需要多花一点时间的。但即便如此，跟以前比起来思考速度仍是得到了惊人的提高。

这样就能够在一瞬间判断出眼前究竟发生了什么事情、出了什么状况，判断完毕后还能够瞬间想出好几种办法，并将这些办法进行比较，当场决定最终的选择。

在平时就能深入思考工作内容或企划案的人能够迅速应对突如其来的变化，这是因为他们做到了"零秒思考"，能够自然地预测事物接下来的发展。虽然不一定非常精准，但是也能在瞬间掌握事情的大致走向。而那些由于慢慢吞吞收集信息而耽误了判断，或在不安的驱使下斥责下属，做事颠三倒四的行为则与之完全相反。

牛顿看到苹果落地便灵光乍现的这则佳话（真假与否尚且不论）正是"零秒思考"的典范。平时一直认真思考某个问题，便会在某个瞬间得到灵感。

美国职业棒球大联盟的铃木一郎选手不仅是著名的安打王，其防守能力也非常有名。在击球员挥棒的瞬间，铃木一郎就已经判断出投手投球的路线、击球的声音、击球的方向、风向风速等所有信息，并决定该往哪个方向跑。哪怕思考时间仅花费了 0.5 秒，也无法在千钧一发之际来个漂亮的鱼跃接球了。

从远古时期开始，人类如果在热带大草原碰到了狮子，就会瞬间决定是用矛决一胜负，还是跑为上策，抑或是叫来同伴支援。眼前的狮子已经露出獠牙准备扑过来了，这种危机时刻根本没有犹豫的时间，如果什么都不做，便会被吃掉。面对这种情况，人类是在瞬间思考可行的方法，瞬间比较优劣，瞬间做出判断并付诸行动，才得以延续生存下来的。远古的人类应该不会像现代人这样总是思前想后、犹豫不决。因为一旦犹豫，便会在大自然的生存竞争中被淘汰，人类也早就灭绝了。

通过上述例子，我想告诉大家人类原本就拥有非常出色的判断力、思考能力和相应的行动力，但是却因为种种复杂的原因而使得这种宝贵的能力被掩盖并逐渐退化了。这些复杂的原因有很多，比如工作效率很低却也安然无事的普遍环境、枪打出头鸟的从众社会、不愿与周围发生摩擦的行为模式、再三叮嘱要慎重思考的前辈们、填鸭式教学的学校教育，或者是对孩子的行为举止严格要求的保守父母等等。

特别是日本的学校教育，尤为重视记忆力的提高和在考试中取得高分的琐碎技巧。考试成绩并非是通过学生聪明与否、原本的思考能力和判断能力是否得到加强来决定，而仅是通过在有限的考试空间内对特殊技能的掌握熟练度来评分。而这些特殊的技能其实就是，完全熟记数学公式、定理和证明方法，从简单的或者自己会做的问题入手，再从历年真题中研究出那一年的出题倾向后，集中对这一类题型进行练习等。

在这种应试制度下培养出来的绝大部分学生，都会过度注重自己能不能做到、优秀不优秀、聪明不聪明、有没有受到表扬。在这些条条框框的束缚下，他们并没有发挥出与生俱来的能力。

只要摆脱过度的自我意识和束缚住自身的条条框框，使头脑不再死板顽固，任何人应该都能发挥出与生俱来的能力。那么，

有没有什么好办法呢？我始终认为是有的，那便是下面我将向
大家介绍的"做笔记"法。

2.4　零秒思考和信息收集

虽说是"零秒思考"，但是如果手里掌握的信息不充分，那就必须在最短时限内进行调查和信息收集。如果不进行这些基础工作，那么思考的基准和范围都将是没有根据的猜测。如果没有了解问题和解决方法的背景，那么做出的判断便会过于主观，有时对问题的认识甚至会出现巨大的偏差。

有些人已经做到了在平时一直打开自己的信息情报"接收器"，关心世事，保持高度的灵敏，如果这样做仍感觉掌握的信息量不足，就需要更进一步的调查，或是向这个领域的专业人士咨询。

一旦习惯了这种做法，就会在以下两种情况中拥有自己的灵敏度。首先是自己是否拥有可以做出恰当判断所必须的信息。这时，人们便会清楚自己应该向左走还是向右走，为了判断究竟是选择 A 方案、B 方案还是 C 方案需要哪些信息，而这个信息自己是否已经掌握，若拥有这个信息又该做出怎样的判断等。此外，比如你已经拥有了 5 种必要的信息和知识，它们相互之间有着怎样的关联、在何种关联下是可行的或是不可行的，对你来说也要了如指掌。

第二种情况便是在信息不足时，应该从什么地方、如何获得至关重要的信息。若拥有清晰而强烈的问题意识，那么对于现在自己究竟知道些什么、不知道什么、应该从哪里获取不知道的信息、应该向什么人询问等问题，就算当下不用立刻开始收集信息，但在必要时应如何着手也会有个大致的方向。

但问题是，大多数人都会在信息查找方面做过头。很多人会选择上网搜索、出席业界活动、阅读书籍、参加其实得不出任何结论的讨论，除此之外再将网上的网友讨论毫无遗漏地看完，这样一来光是查找信息就花了好几个星期的时间。查找信息的做法本身是好的，但如果仅是一味地花时间做这件事，那么判断也会被延误。

如果延误了判断，而最终决定的方针的精准度有所提高也就罢了，但大部分情况下其实都没有提高。这是因为人们大都没有在提出"这种问题应该立刻这么做"的假设后，运用收集到的信息对结果进行验证，然后再对这个假设进行改进。或者说，很多人都是一心扑在收集信息上，使得判断极其滞后而导致问题升级，最终也没有提出任何有效的解决对策。

对于上述内容，有些人曾表示茫然："我又不知道为了快速做出决定，收集信息应该做到什么程度。自己也处于一种迷茫的状态，而且还会被上司斥责，认为是我没有做好调查工作。

到底收集到什么程度才合适呢？越是查找就越是不安。"

　　对于这个问题，我的回答是："请针对目前在考虑的课题和问题的假设提出 3 个可行的解决方案。列举出各自的优劣，有了大致眉目后再收集信息，便能提高效率了。"

　　每当我问到别人"即使不去收集信息，也大致能想到该怎么做了吧？"的时候，对方大多会回答："是的。虽然只是个大概的感觉，但是我觉得在某种程度上已经知道前进的方向了。"人们如果没有受到这种判断上的挑战，便会试图通过收集信息来拖延判断。我经常觉得人们其实是为了拖延烦人的判断，才一直没完没了地收集信息的。

　　据我所知，积累了一定经验的一线员工，即使思路并不清晰，也会对问题是什么、该如何解决有一个大致的想法。但是，由于没有充分进行过该如何将这些朦胧的想法具体化的训练，所以要不就是觉得必须要先收集信息才行，要不就是因为害怕上司的斥责或挖苦而不敢表达自己的意见，最终只得选择继续收集信息这个安全策略。特别是在大企业，员工的组织性很强，四面八方都会出现挑毛病的人，而且还有很多是吹毛求疵，所以往往会造成信息的泛滥。

　　究竟该向左走还是向右走？为了尽快做出一个决定，究竟应该掌握什么样的信息呢？其实，只要在平时就打开自己的信息收集"接收器"就可以，这也绝非难事。因为大多数人都会凭借自己的第六感来行动，而真正的绊脚石其实是过去的心理阴影、上司的斥责、组织内部层层部门导致的效率低下、从官僚主义发展出来的形式主义违背了经济规律等。

当然，仅利用现有的信息提出假设和方针是需要技巧的，这需要强迫自己克制住"觉得现在掌握的信息根本不够，还想要更多的信息"的想法，练就大胆提出假设的习惯。仅是做到这一点，提出假设的速度和质量都会得到显著提高。

虽然看似很难，但是人们如果能够迅速着手去做迫在眉睫的工作，这种成就感就会让人觉得压力减少了很多。

虽然任何人都有想要拖延做某事的心情，而且还会面对很多的诱惑，但毫无疑问，尽早开始付诸行动绝对是更好的选择。只要能够尽早应对，就会在为时已晚之前有所行动，也更容易使问题得到解决。这比起太重视收集信息，结果导致判断延误要好得多，能认识到这一点非常关键。

但应当注意的是，有的人会打着重视速度的旗号，在查找信息时做得非常潦草、不够充分。有的人的确是连专家的意见也不咨询，也不打开自己的信息收集"接收器"，就直接盲目地开始行动。这种人往往会无视"快速收集信息，考虑整体，提出替代方案，进行比较检讨，决定后坚持执行"这一套基本流程，仅是凭借有限的信息、自己的喜好以及过去的经验来做决定并行动，这是非常危险的做法。首先，假设仅仅是假设，必须要进行验证。虽然有一个程度问题，但是必须要立刻对提出假设的根基进行确认和验证。

2.5　通过做笔记掌握零秒思考

最快、最好的掌握零秒思考的方法，就是我已经提及多次的"做笔记"。

在刚刚进入麦肯锡时，我从前辈那里得到了很多关于访问方法、分析方法、小组管理等有用的建议，我将这些全部写下来，并认真地分析和理解这些建议，希望使之变成自己的东西。在这个过程中我总结出了"做笔记"这个方法。

在我自己写了好几千页，并且倡导其他人也这样做的时候，我发现做笔记能够消除自我意识，可以使自己坦率地思考问题。我认为，在 1 分钟这个时间限制内，迅速且毫不犹豫地写出大量内容是至关重要的。

"做笔记"可以说是让僵硬的大脑放松下来的一种"柔软体操"，也是最不费力、最合适的开动脑筋的练习方式。将脑海中浮现的疑问和想法当场写下来，头脑会越来越灵活，心情也能够得到整理，被自我意识所束缚的烦恼也会消失。通过"做笔记"，任何人都可以迅速地达到这一境界，甚至连自己都会惊异于自己的反应之快。

具体的做法是：将一张 A4 纸横放于面前，每张纸写一个主题，1 页写 4 至 6 行，每行 20 至 30 字，写每张纸所用的时间要控制在 1 分钟以内，每天写 10 页。也就是说，每天要用 10 分钟的时间来做笔记。比如下图中的"笔记 1"。（注：本书中并未标明笔记中的实际行数，而是用"-"符号来表示每一行。）

➡ 笔记 1

如果是自己，希望接受怎样的领导？　　　　　　2013-12-1
- 希望能够明确自己的工作。
- 针对自己的工作，希望能够得到具体的行动指导。
- 希望得到反馈，明确什么地方变好了。
- 希望能够被明确告知好与不好的地方。
- 希望能够让自己充满干劲。
- 希望得到的回馈可以让自己获得一定的自信。

虽然有人会怀疑，做法就这么简单吗？但是简单易行正是关键所在。

"笔记 1"出自某大型流通企业的一位地区总部营业主管，他拥有一千名左右的下属。虽然这位主管非常优秀，平时的交谈也非常出色，但是面对下属却会立刻动怒责骂。他本人对我说虽然明白"如果责骂下属，下属就会变得畏手畏脚，这样没有一点好处"，但就是会忍不住责骂。他在笔记中写道："希望有什么方法能够改变这种现状"。

最初，他脑海中浮现出了"如果是自己，希望接受怎样的领导？"这个题目，并写下了 6 行。他所写的这 6 行是非常认真的想法。

- 希望能够明确自己的工作。
- 针对自己的工作，希望能够得到具体的行动指导。
- 希望得到反馈，明确什么地方变好了。
- 希望能够被明确告知好与不好的地方。
- 希望能够让自己充满干劲。
- 希望得到的回馈可以让自己获得一定的自信。

这个内容已经无可挑剔。对于领导他人的方法已经做出了非常准确的理解。

但是，他却并不是很清楚为什么自己会立刻动怒责骂下属，为什么无法克制自己。但是，当他在写完"如果是自己，希望接受怎样的领导"的笔记，又写了十几页笔记之后，他发现"责骂已经成为自己的沟通手段，虽然十分清楚责骂下属不仅会让下属变得畏手畏脚，自己的心情也会非常糟，结果没有一点好作用"，但是他却没有控制自己的这种行为，或者说无法控制自己的这种行为。

除此之外，他还写下了以下几个标题的笔记。

- 自己希望成为什么样的领导者？
- 如果是自己受到责骂，会是怎样的心情？
- 被责骂的对方的心情又是怎样？
- 自己在什么情况下会想要责骂下属？
- 在责骂之后，自己有什么感觉？
- 什么是情感的爆发？
- 对谁最容易发火？
- 对谁又不会发火？

　　针对上述标题他都写下了很多内容深刻的笔记。通过这个过程，他利用写这些笔记的 10 分钟左右的时间，深刻了解了困扰多年的、难以克制自己的这个毛病。他终于意识到了没有人指正他，也无法与他人倾诉商量，以及自己也束手无策的乱发脾气的理由，这也向改掉这个毛病迈出了一大步。

　　"做笔记"要做到 1 分钟内写完 1 页，每天写 10 页。这样一来每天所花费的时间也仅仅是 10 分钟而已。既没有开销，头脑和情感也会得到快速地整理。正如上述例子中的这名主管，做笔记可以帮助解决自己行为上的问题，甚至连整个人的处事方式都会改变。

　　一旦坚持做 3 个星期到 1 个月时间的笔记，脑海中的语言就会层出不穷，甚至在做笔记之前，就已经想到该怎么表达了。

一个月前还很朦胧不知道该如何叙述的事情，现在已经可以用明确的语言表达出来，想法也会不断涌现，最后动笔的速度已经赶不上大脑的运转速度了。

如果再坚持几个月，那么就能做到瞬间从宏观上看待问题，逐渐接近"零秒思考"。根据不同情况，有时甚至可以做到瞬间抓住问题关键，并进行整理，从而找到答案。这种变化无关人的性别、年龄以及经验。

2.6　做笔记的好处

做笔记，可以理清头绪

　　我相信大部分人都会在笔记本、活页纸、便签或者电脑上做笔记。这里所说的做笔记并不是记录会议安排等，而是记录下正在考虑的事情、想到的事情、讨厌的事情、想要做的事情，而这些都是因人而异的。不论是以何种形式做笔记，都会减少忘记的几率，而自己的想法多少也会得到整理。

　　如果是从好几年前开始就养成做笔记习惯的人，那您自身一定也下了不少工夫吧？比如使用红、蓝、黄等颜色的记号笔标上颜色，将笔记术的空白页分成左右两部分来使用等。可能有很多人都会觉得某种方法不合适，而经常不断尝试各种各样的方法。因为我也是这样一路摸索过来的，所以深有体会。

　　我推荐给大家的好方法便是刚刚介绍过的：将一张 A4 纸横放在眼前，每张纸写一件事，左上角写标题，每页只写 4 至 6 行，每行 20 至 30 字，每天写 10 页，每一页所花的时间控制在 1 分钟以内。

通过做笔记，混乱的思绪、尚待解决的事情、自己的想法都会得到整理，人也会变得更加有条理。将混乱的思绪组织成语言，动手写成文字，用眼睛再次确认，这样一来笔记就会变成一个外部存储器，头脑运转的速度也会有惊人的提高。其实，人的大脑的接受能力并不是那么优秀，一旦被什么事情牵绊住就会运转不灵。

做笔记不单单会让头脑运转变快，而且就连之前不知该如何表达的想法或事情也能清晰化，也就是由抽象到具体的一个变化过程。这样一来大家就会第一次真正认识到自己的行为。

为什么明确自己的想法很重要呢？举个例子来解释，比如要给下属或小组成员下达指示时，只说类似"总之去做吧""我也说不清，反正做就是了"这种话会让别人无所适从。但是，如果自己的想法很清晰，便能简洁明了地告诉对方重点是什么、应该避免什么等。此外，和朋友及上司交谈时，也能够更加准确自如地对话，使交流沟通没有障碍。

再重复一次，我个人认为所有人都是非常聪明的，通过训练就能拥有一个灵敏的头脑。当然，接受教育也是非常重要的，但是无论有没有受过教育，人都是聪明的。归根结底，学校教育其实也只是近一百多年发展起来的，而在这之前人们就已经开始使用头脑，也很好地生存了下来。

但有一个很大的问题是，人这种与生俱来的聪明并没有被良好地利用。原本可以进行瞬间判断，即使是在残酷的大自然中也生存下来的人类，却在学习了并不彻底的知识、受到了上司的责骂以及对后辈的客气中渐渐丧失自信，头脑变得迟钝起来。

人的大脑与内心是无法分离的，内心混乱，大脑就无法好好工作。做事时便会兜圈子，在最后关头退却，难以做出决定。如果这些变成一种精神压力，那么大脑就更加不会运转了。

这实在是太浪费了。所以我想通过努力发挥出人原本的能力，人的大脑绝对应该是有很多地方可以开发的，如果发挥不出人皆有之的优秀能力就太可惜了。所以我从各个方面进行了尝试。

比如我曾经通过阅读寻找答案，和很多人进行讨论，在笔记本或 A4 纸上做笔记，甚至是用 B6 的小卡片或便签纸。我尝试过所有的方法，一旦觉得某个方法不错，我就会推荐给其他人，让他们也试试。

在绕了不少弯路之后，我终于发现 "使用一张 A4 纸做笔记"最为行之有效。大多数问题都可以通过这个方法轻松解决。做了多少笔记，相应的烦恼就能减少多少，心情舒畅也就能够看清前进的方向了。任何人都可以切身感受到，只要不断地将 1 件事情写在 1 张纸上，那么内心的郁闷就会不断消失，得到整理的头脑也会更加灵敏。

做笔记，可以变得自信积极

做笔记最重要的就是头脑会变得清晰。浮现在脑海里的事情、犹豫不决的事情用语言表达出来以后，内心的郁闷几乎会消失殆尽。而那些担心至极的事情、始终挂念没有解决的事情也会得到梳理，这样人的目光就会聚焦在重要的事情上了。比如我接下来要举例的"笔记 2"。

→ **笔记 2**

本次项目发表会能够成功吗？   2013-12-1

– 能做的我已经都做了。

– 但是，如果事先再多跟一个人进行说明，就会出现不错的人选吧。

– 公司外部的合作伙伴都仔细地推敲过了，应该没有问题。

– 商品展示能够顺利吗？

– 明天我再彩排一次。

某位员工为了项目的发表会而担心不已，通过在一张 A4 纸上做笔记，他发现"原来我最担心的就是商品展示能否顺利成功啊！对，就是这样。那我就对商品展示再进行一次彩排好了"。如果写完一页还是觉得不痛快，那么就再写几页类似标题的笔记。这样一来，内心的重重忧虑就宣泄出来了，而这只是花了几分钟而已。

接下来，"笔记 3"的标题是"总觉得不高兴"。一目了然，"笔记 3"的内容就是怎么想的就怎么写下来，不需要任何加工和修饰，自己的感受和想法都是最原始的。当然所花费的时间也在 1 分钟以内。即便时间如此之短，也还是会发现一些之前确实没有意识到的问题。有些做笔记的朋友告诉我："我之前压根就没有想过要写下来，写下来才发现原来自己是这么想的啊。"

➜ **笔记 3**

总觉得不高兴   2013-12-1

- 今天从早晨开始就很不高兴。
- 平时我不这样啊。
- 是因为昨天开会时课长稍稍透露的新项目吗？
- 如果新项目开始运作，那家伙也会参加吗？
- 应该会参加的吧，那这样一来感觉又会有麻烦事了。
- 明明心情一直很平静，肯定是为了这事儿才变得心情沉重的。

如果平时就坚持做很多这样的笔记，那么就会有意外的收获。真正重要的事情、在意的事情、想让自己忽略的事情等等，一旦在不经意间意识到就会写出来。

而这种"不经意间的意识"是非常重要的。这会让你清楚地发现原来自己对想要忽略的事情，或者不想考虑的事情实际上是非常在意的。

此外，当意识到什么是重要的事情之后，也就很容易区分那些不重要的事情，自然而然地就会更关注重要的事情了。虽然并不是说这些不重要的事就会被彻底忘记，但是也几乎不会对自己产生什么影响了，最起码不会再过于纠结这些事，渐渐地精力就会从这些不重要的事情上分散开。

如果人处于这种状态，就能让精力一直集中在重要的问题上，这样问题就会变得很容易解决。如此一来，拖延的情况就会减少，因为在问题恶化前采取了行动，问题在早期就得到解决，也就不容易陷入恶性循环了。最终，有了成绩，人也会更加自信。最重要的是，精力集中在重要的事情上，压力也会减少，心情也就变好了。

通过做笔记，可以尽早地看清自己所身处的状况和眼前的问题，应该优先做什么也自然会变得明确。问题得到迅速解决，一个好的循环开始，人类与生俱来的自信和积极性都会自然而然地得到重塑。

做笔记，可以变得心平气和

生气的时候、不开心的时候，如果动笔写下来，心情就会变得非常轻松。对方的名字也要写下来，假设对方姓山下，那就直接写出山下，比如："为什么山下总是辱骂我呢？"

此外，还可以接着写如下标题的笔记。

· 山下到底是用怎样的心情在辱骂我呢？

· 他都骂谁？又不骂谁？

· 骂完之后，山下有什么感觉呢？

- 骂完之后第二天，山下的态度如何？

- 山下在什么地方会做出反应呢？

- 为了不让山下发火，我应该怎么做呢？

- 山下都是在什么时候开始辱骂的呢？

- 被山下骂了之后，我是什么感觉？

- 我做错了什么？

- 我有需要改善的地方吗？

- 山下的优点是什么？缺点又是什么？

- 山下看起来易怒是因为有自卑感吗？

- 山下能够信任的朋友是谁？他们之间是怎么相处的？

- 怎么做才能和山下好好相处？

这15页花了15分钟。15分钟之后，心情就会平静许多。

今天因为公司的事情而心情不好的读者们，请一定试试这样写10至15张纸。要彻底地写下来对方究竟多么过分、究竟有多坏，千万不要有所顾虑。反正这些内容也不会被别人看到。而且不要省略这个人的名字。换句话说，其实就是在纸上大写特写这个人的坏话。

这样一来，内心便会不可思议地平静下来。1件事1张纸，写个10至15张，人就会轻松不少，同时也能发现最初无论如何也看不到的自身的过错。一开始觉得对方"绝对不能原谅，真的太过分了"的事情，现在也能更加客观地看待了。

　　我认为做笔记之所以能够让人变得心平气和，是因为这样做可以在不用考虑他人看法的情况下进行发泄，而且还能够看清自己所发泄的内容。最终，使得自己能够客观地看待现状，明白现在发生的事情到底是由于什么原因引起的，对此应该怎么做、不应该怎么做。

　　虽然因人而异，有的人立刻便能做到，但是有的人却不行，不过目前做不到的人只要通过反复地做笔记也就渐渐能够掌握了。这样一来，乱发脾气、影响心情的事情也会减少。即使身处相当困难、乱七八糟的状况之中，也可以做到不感情用事、冷静对待。

　　此外，对于一直觉得"那个家伙的话不能听，绝对不原谅他"的心情，自己也会摆出倾听的姿态，从稍微不一样的视角来看待，比在做笔记之前要更冷静一些，更能客观地看待自己。最终，与原本总是一触即发的对象的相处方式也会发生戏剧性的变化。

　　当然，如果对方明显就是带着恶意来接近自己的话，那这种愤怒是不会轻易平息的。即便如此，一旦将这些也全部做成笔记，也就能判断出对方为什么会这样做、究竟在打什么算盘、自己是否有做错的地方、怎样做才能避免不好的事情发生，以及更快地找到解决对策。由此想象到带着敌意接近自己的对方也拥有过去遗留的心理阴影和悲伤的故事等，和对方接触时也就不那么容易动怒了。

　　如此一来，就不再是情感上的冲突，而是让自己处于更加容易应对的局面。即便是无论怎么看都是对方的错的时候，仍将对方为什么会这么做写个 15 页纸左右，也就能够站在对方的立场进行思考了，自己也会心平气和下来，找到应对方法。

顺便提一下，如果无论如何都无法冷静对待，始终没法产生"只能拥有这种看法的人很可怜，怎么做才能和平相处"的想法时，这大多数时候是因为我们本身也有一些错误、缺点和自卑感。由于被人戳中了自己平时非常在意的事情，所以我们才会生气，虽然可能我们自己并不这么觉得。

一旦习惯做笔记，那么一直以来自身的错误和自卑感也会减少，为此而生气的状况也会大幅减少。虽然大多数时候人生气是因为对方做错了事，或者做了自己讨厌的事情，但这也是因为自己不会巧妙应对所致。做笔记便可以大幅改善这种状况。

最重要的是绝对不要强忍，忍耐对身心都不好。把臭的东西盖住它还是臭的，而且把它封起来就会变得更臭。人不要忍耐，要断绝发臭的根源。通过在 A4 纸上做笔记这个非常简单的方法，就可以使我们曾经烦恼至极的愤怒大幅减少。

做笔记，可以快速成长

做笔记，可以整理大脑的思路。大脑思路得到整理也就意味着人可以随时明确现在什么是重要的、什么是不重要的，现在应该做什么、不应该做什么。即便是各种各样的问题同时发生，也能够不慌不忙地收集必要的信息，按照从重到轻、从主到次的顺序进行解决。

这样做也会有越来越多的收获。最终，人会变得自信并且积极乐观，无论发生什么都不会轻易感情用事。即使是以前立刻就会生气的事情，也会明白对方这种言行的背后有着怎样的原因，并不是让自己忍耐，而是让自己能够以自然的状态去面对。

自然的状态是指自信且谦虚的状态，不盛气凌人、不瞧不起别人，虽然对方比自己地位高也不会过度紧张或畏手畏脚，即使对方比自己地位低也不会把对方当小孩或傻瓜。

这样一来人就不会突然勃然大怒或感情用事，能够以平常心面对。虽说如此，也并不是说做事就不需要热情了。其实做笔记能让人保持一种目的意识很强、充满活力的热忱状态。然而说着容易做起来难。可能绝大部分人都想维持自然的状态，但是却无法顺利地做到。

在公司，人们多少会对上司、下属、同事之间的关系感到紧张，更多的时候会在某些地方勉强自己。通过做笔记，让自己维持自然状态、采用最好的处事方法的话，就会和没有这么做的人拉开很大的差距。积累最好的解决方法会在今后发挥作用，在困难的时候，面对问题的状态也会有很大的不同。

做笔记可以充分发挥小组成员的能力，抑己扬人，力争完成目标，减少不必要的冲突，团队合作自然也能顺利进行。这样一来，人就会更加自信，进入良性循环，连自己都会惊讶于自己更进一步的成长。由于头脑经常得到梳理，所以也不会总是感情用事。由于能够放眼纵观全局，所以现在应该做什么、接下来针对什么该做什么准备，都会变得明确，工作的范围、规模也会扩大。

比如说，刚进入公司的新员工，由于对所有的事情都是第一次接触，肯定会很紧张。这种时候就应该针对自己所看到的事情、感受到的事情、被提醒的事情、今后一定要做到的事情等，每天做 20 至 30 页的笔记。因为 1 天 10 页在这个阶段应该是不够的，即便是写二三十页，每天花在做笔记这件事上的时间也仅仅是 20 至 30 分钟而已。仅靠如此简单的方法，烦恼就会锐减，工作也会很快上手。希望大家都能够尝试看看。

只要做三到四个星期的笔记，很多人就反馈表示，"我变得能够很好地把握会议中其他人的发言了""我现在的发言可以吸引大家了""我的意见开始被采纳了"等等。做笔记也是令人能够在工作中迅速成长的有效方法。

第3章

如何做笔记
才能实现零秒思考

A4 纸横放，就这么简单

- 写标题的方法
- 写正文的方法
- 想到的事，不论是什么，先写下来
- 笔记写在 A4 纸的背面
- 每天做 10 页笔记
- 每页 1 分钟，一想到就立刻写下来
- 不能用笔记本、日记本、word 的原因
- 笔记控制在 1 分钟内，在任何地方都可以写
- 情绪要再三思考后再写入笔记
- 不同状况、需求下的笔记题目范例

做笔记的时候，先将 A4 纸横放在面前，然后在纸的左上角写上标题，并在标题下画一条横线，这个方法简单至极。在这个方法中所使用的既不是笔记本、小卡片、便签，也不是电脑，而是 A4 纸。而且并不是要将这张 A4 纸写得满满的，而是仅写 4 至 6 行，这样既不用担心纸不够用而将字写得很小，还很快就能完成，写的时候就不会感到有负担了。而写上去的内容并不仅局限于文字，也可以简单地画一些图。

　　至于为什么要将 A4 纸横放在面前，这是因为在做笔记的过程中，会出现越来越多诸如当前的问题和解决策略、至今为止的问题和应对等表现出时间顺序的内容。当然我也尝试过将 A4 纸竖放在面前，但是还是横着放更容易书写。

　　在标题下画一条横线是为了突出标题，这样做可以将标题和之后的 4 至 6 行的句子明确区分开来。如果是使用 PowerPoint 等电脑办公软件的话，可以将字体加粗，但是手写时只要画一条横线即可。

　　在 A4 纸的右上角写上日期。我会采用“2014-1-23”这种简便的形式来书写。这种写法最清楚也很省事。因为在 1 张 A4

纸上做笔记时，包括标题、日期、正文等内容，全部都要控制在 1 分钟之内写完，这是"做笔记"法至关重要的一点，所以在写日期时，再写上"年""月""日"就会占用时间。

3.1　写标题的方法

标题（即笔记的主题）可以是任何事情。脑海中浮现的是什么就写什么，不要犹豫。譬如以下几种标题。

＜有关工作的标题＞

- 怎么做才能提高工作的效率呢？

- 什么时候工作会很顺利？什么时候不顺利？

- 什么时候工作会被打断？

- 怎样才能尽快归纳整理企划书？

- 今明两天能够完成吗？

- 为了下个星期的会议所进行的准备

- 和上司交流的方法

- 怎样才能改善和其他部门的交流？

- 当上课长之后想做的事情

- 自己的强项是什么？怎么才能加强？

＜有关英语学习的标题＞

- 怎么做每天才能坚持 30 分钟的英语学习？
- 怎么才能区分 L 和 R 这两个音？
- 怎么才能将 L 的音发好？
- 怎样才能练好自己的英语发音？
- 怎样才能扩大词汇量？
- 记住 3000 个单词就可以了吗？
- 应该怎样准备 TOEIC 考试？
- 怎样强化自己的英语能力才能通过 TOEIC 考试？
- 如何在短期内强化听力？
- 如何区分英语中的 "drama" 和 "podcast"？

＜有关将来的标题＞

- 自己到底想做什么？
- 自己真正擅长的是什么？
- 自己适合哪个领域？是否真能胜任？
- 如何区分现在马上要做的事情和为了将来做准备的事情？
- 为了将来，现在怎样才能获得最好的成绩？
- 如何整理未来的蓝图？
- 为了将来，现在最应该做什么？

- 为了跳槽应该做什么样的准备?

- 跳槽的好处与坏处?

- 关于跳槽,应该向前辈确认的事项

＜有关阅读的标题＞

- 想读什么样的书?

- 怎样让阅读的书之间保持平衡?

- 未来一年打算读什么样的书?

- 读后怎么才能让其发挥作用?

- 读后如何整理感想? 如何灵活运用?

- 如何将从阅读中得到的知识和技能发挥出至少一半
  的效果?

- 如何提高阅读的速度?

- 怎么做才能每两天读一本书?

- 想推荐给别人的书

- 行之有效的推荐方法

＜有关利用时间的方法的标题＞

- 到下个星期前要做到的事情

- 这个月必须要做的事情

- 怎么做才能将下决心要做的事付诸行动?

- 如何将事情排出优先顺序?

- 为了不浪费时间应该怎么做?

- 工作麻利的人是怎么节省时间的?

- 做什么事的时间可以缩短?

- 对自己来说,在什么时间和状态下效率高?怎样让自己时常保持高效率?

- 怎样才能早晨早起 1 个小时?

- 怎样才能让自己变得早睡早起一些?

＜有关健康管理的标题＞

- 怎样管理自己的身体健康?

- 怎样才能戒掉不吃早饭的习惯?

- 怎样才能真的减肥成功?

- 这个星期的晚饭菜单

- 预防感冒的好办法

- 怎样保证睡眠时间?

- 几点睡、几点起才是最有效果的?

- 怎样才能做到半夜不醒?

- 能够让早晨更清醒的方法

- 能不能让窗帘在早晨 6 点自动打开?

＜有关私生活的标题＞

- 怎样才能跟他(她)更好地交流?

- 他（她）对什么感兴趣？

- 怎么做才会让对方更注意我？

- 怎样说话对方才能更好地理解？

- 怎样才能更好地倾听对方的烦恼？

- 这个周末一起去哪里？

- 双方都有想做的事情，怎样才能相互配合协调呢？

- 有没有消除吵架的方法？

- 怎样才能兼顾工作和私生活？

- 怎样跟初高中的同学保持联系？

像上述这些例子一样，脑海中想到了什么，就把这个定为标题。不需要想得很复杂，也不能想复杂了。因为写下来的东西并不会给别人看，所以就这样将自己的想法原封不动地写在 A4 纸的左上角。

自己的想法，不论用什么句式表达出来都没有关系。只是，我个人觉得疑问句更好写。在刚才的内容中，我写了 70 个标题作为例子，其中也是疑问句最多。

相似的标题可以写很多次

今天就算写下了某个标题，但是到了明天，脑海中可能还是浮现出了同样的或是相似的内容。这种情况下不用犹豫，再写一次就可以了，而且不用去看昨天自己是怎么写的。写的时候只需要将那一天自己脑海中的想法，原封不动地写下来就可以了。即使三天后又想到了类似的标题，也要写下来。不需要回顾以前写的内容，只要想到什么写什么就可以了。

这样反复写完之后，思绪得到了整理，也就不会再想写关于这个标题（即主题）的笔记了。这是因为将在意的事情和解决方法都搞清楚之后，就没有必要再继续写下去了。

我刚进入麦肯锡的时候，从小组长那里一个接一个地学习到了访问的归纳方式、分析方法、管理客户小组的方法等，为了将这些内容全部消化，我拼命地做了笔记。那个时候，仅仅关于访问，我就写过如下这些标题的笔记：

- 访问的结果应该怎样归纳总结？
- 访问的结果应该怎样更快地归纳总结才合适？
- 访问时怎样做才能顺利地进行归纳总结？
- 访问时怎样才能将重点放入谈话中？
- 访问中怎样才能挖掘出重要信息？
- 访问后怎样才能立刻进行归纳总结？
- 访问结果的归纳总结方法
- 怎样才能立刻归纳总结访问结果，并制作成报告书？
- 怎样才能顺利进行访问，并立刻进行归纳总结？

这些内容并不是我一下子全写完的，而是花费了好几个星期，甚至好几个月才完成的。可能很多人觉得，这些标题都差不多，没有必要写这么多遍吧？其实，我也曾经放弃过这种做法，好几次都是找出以前写过的笔记，然后在后面补充添写。

但是，实际尝试过之后发现，将新的笔记写在以前的笔记后面这种方法，其实很难理清头绪，或者说很难找到最好的方法。而且，人们也不会随身携带以前写过的笔记，所以很难立刻就开始动笔。就算是在家里的书房内，也不可能只花一两秒的时间，就把以前的笔记找出来。就这样在翻翻找找的时间里，人们很容易就会将最开始那灵光乍现的想法忘记，而这实在是太可惜了。

反正也是要在 1 分钟之内写完，还不如不看以前自己写的笔记，重新写更有效率。

而且之后重新回顾时会发现，重新写过一次的笔记会比第一次写的内容更好。我认为，每次都将脑海中浮现的内容转化成语言，动手写成文字，用眼睛确认，一边写一边推敲，这样的过程非常有利于整理思绪和想法。

像这样将几乎相同的标题写下 5 至 10 页，甚至 20 页之后，就会产生一种对这个题目已经考虑透彻、没得可写的感觉，内心也会发生很大的变化。从这时起，这件事也不再是需要检讨、写成笔记的问题了。思绪也已经得到了彻底的整理，已经能够抓到非常具体的感觉了。

积累标题的方法

也有人总是想不到标题。这种时候，我建议大家可以像"笔记 4"这样，在一张横放的 A4 纸上等间距地画 3 道左右的竖线，然后从一端开始，把标题一一写下。

笔记的标题，在有灵感时会源源不断出现在脑海。比如说，一旦想到"和山田交流的方法"这个标题之后，还可以用这个类型的标题再写七八个人。

此外，如果考虑到其他情况，除了"和山田交流的方法"之外，还可以写"当山田不高兴的时候，如何与其交流""山田无精打采的时候，如何与其交流""和山田出去喝酒的时候，如何与其交流"等等，一旦受到启发，标题就会层出不穷。

➡ **笔记 4**

笔记的标题		2013-12-1
– 和山田交流的方法 – 和山下交流的方法 – 和田中交流的方法 – 当山田不高兴的时候，如何与其交流 – 和山田出去喝酒的时候，如何与其交流 – 怎样才能很好地召开会议 – 怎样做才能按照时间结束会议	– 会议上有对立意见时该怎么办 – 在会议上，如何更积极地发言 – 如何将在会议上达成一致意见的事情顺利推行 – 怎样才能迅速回邮件	

在 1 张 A4 纸上如果写下 100 个左右的标题，那么当没有内容可写的时候，就不用烦恼，可以直接参照这个标题列表来做笔记了。

3.2 写正文的方法

做笔记的时候，要将标题、4 至 6 行的正文（每行 20 至 30 字）、日期这些内容，在 1 分钟之内写完。写的时候怎么想的就怎么写，不用做过多的考虑，把自己最原始的感受写下来就可以了，不用想得很复杂。此外，也不需要考虑笔记的构成、格式、遣词造句等。

2018-12-1

メモの書き方

- メモは 左上に タイトルを書く
- 4〜6行. このように 本文を書く
- 1ページ 1分以内に 書く
- 自分が 読めるくらいの 字で十分
- このページの 半分くらいまで. ある程度詳しく書く.

虽然有的人只能写出来一两行，但也不用担心，因为很快就能够顺利写出后文，所以只要稍微努力一下就可以了。我在让别人做笔记的时候，最开始都会请对方一边看表，一边感受1 分钟究竟是多长，在这 1 分钟内要如何抓紧时间。这样一来，写不到 10 页，就能做到 1 分钟之内写完 1 页，所写的文字数量也会有所增加。

每一行都用连接号"–"开头，就像下图的范例一样，从左边开始写。之所以从左边开始写，是因为有时候需要在右侧进行补充。（第 122 页笔记 20）

➡ **笔记 5**

做笔记的方法　　　　　　　　　　　　　　2013–12–1

– 笔记的左上角写标题。
– 像这样写 4 ~ 6 行。
– 每一页都在 1 分钟内完成。
– 用自己能看明白的字写就可以了。
– 书写内容要占每页的一半左右，某种程度上要详细写。

A4 纸上字的大小和行间距，可以像上一页的示例图那样，而"笔记 5"则是将其更清晰地表现出来的形式，希望大家能以这种形式来做笔记。如果比上面的字再小的话，当桌上都摆放着做完笔记的 A4 纸时，猛地一看会很难看清楚（后文会做详

细解释）。若比上面的字更大，那么 1 张 A4 纸写了 4 至 6 行就
会太满，之后便很难补充一些图画等内容；而且，在适应了这
种做笔记的方式后，有时可能需要写更多的内容，那时留下的
空白就会不够用。这样一来，不断迸发出的想法、脑海中浮现
的事情，就很难毫无遗漏地全部记下来了。

每一行都尽量写得长一些

　　每一行如果写得过短，那么便无法训练将脑海中模糊不清
的想法语言化，所以我推荐大家每行写 20 至 30 个字。这个字数，
某种程度上就可以将内容表达明确了。

➜ **笔记 6**

为了缩短会议时间	2013-12-1

- 决定议事日程
- 分发资料
- 发言要简短
- 充分利用白板

　　　　　　　　　　反例：由于文章过短，欠缺具体性

　　在"笔记 6"中，每行只写了 4 至 6 个字，非常之短。我
曾经问过采用这种写法的人，是不是写不出更多的话了，其实

并非如此。我再针对个别问题一一询问后，几乎所有人都能做出更加详尽的解释。也就是说，他们只是没有认真写而已。这实在是太浪费了。因为他们错失了这个可以将脑海中的事物好好表现出来、将担心和想法变成肉眼可见的形式的机会。

譬如说，只是写"决定议事日程"的话，就不会明白决定了又怎么样。就连到底指的是什么时候的什么议事日程都让人搞不清楚。只是写"分发资料"的话，也不会明白应该怎么分发，分发了之后要干什么。而"发言要简短"，虽然明白这是重点所在，但是如何实现、具体的方案都没有体现。"充分利用白板"也是，都不知道要用白板做什么。

因此，建议大家不要像"笔记6"那样写，而应该像"笔记7"那样写。

➡ **笔记 7**

为了缩短会议时间	2013-12-1

- 认真决定会议议事日程，事前通知，让大家有所期待。
- 会议所需资料最晚要在前一天分发，将说明时间减半。
- 反复督促每个人发言都要抓住重点。
- 通过在白板上整理讨论内容，避免重复。

范例：文章够长，内容具体明确

如此一来，上述的种种问题也会随之消失。"笔记7"比"笔记6"要具体得多，每一行要写20至30字，所占篇幅为A4纸宽的2/3到3/4。通过这种形式，人们才能第一次将脑海中浮现的心情、想法、问题等，以一种十分具体、正确的方式写下来。

虽然最开始可能写不成这个样子，但是完全不用担心，因为马上就能够做到了。只需要按照每一页的标题，将脑海中想到的事情，原封不动地写下来就可以了。

努力写4至6行

虽然在原则上，笔记的正文要写4至6行，但是最开始时总是想不到要写什么。这种时候，只要努力写到3行就可以了。我曾经请过上千人来做笔记，只要稍稍努力，任何人都可以做到。不论是谁，肯定都能想到些什么，然后只要将这些想法写出来就可以了。即使是一开始总是无法适应的人，只要写个20至30页也就没问题了。

或许是因为女性的交流能力非常强，所以在刚开始做笔记的瞬间，就会有很多人能够毫无障碍地写起来。看着她们奋笔疾书的样子也非常有趣。我感觉她们似乎有源源不断的想法，如果没有限制的话，她们可以一直写下去。不可思议的是，还几乎没有例外。

另一方，三分之一的男性在最开始时会感到有些困难。有人最开始努力了也只能写个两行，而且都是很短的句子。但是当我在研讨会上介绍这种做笔记的方法之后，便让这些男性当场写出 10 页，结果所有人都写了出来。即使只能写一点点，但是不要放弃，一边看表、一边努力在 1 分钟内写 1 页的话，很快就会熟练起来。

至于为什么正文要写 4 至 6 行是有理由的。针对想到的标题，如果要将浮现在脑海的东西全部写出来的话，通常都是在 4 行以上。只有极少一部分人可能会用 3 行写完。我个人认为这是因为日语中不使用"三段论法"[①]，而是完全遵循起承转合的套路，所以无论如何都需要 4 行。

那么，为什么又不要超过 6 行呢？这是为了能够做到经常整理脑中所想。如果写个没完没了，就会将重要的和不重要的全都写下来，会不断写下不同级别、不同重要程度的事情。所以，我建议大家就算很想继续写下去，也要限制在 6 行以内。如果想写的内容超过 6 行，那一定是因为想写的内容是某一个重点中的次要重点。

也就是说，如果想要写下来的 4 件重要的事情，按照 A、B、C、D 的顺序浮现在脑海中的话：

　　　– A

　　　– B

　　　– C

　　　– D

[①]　逻辑学中，由大前提和小前提引出结论的推论形式。——译者注

那么按照这个顺序写就可以了。令人不可思议的是，这是非常重要的顺序。最在意的事情会最先浮现出来，因为这是最重要的；而不太在意的事情则几乎不会最先浮现出来。也就是说，大部分时候，一下子想到、一下子写下来的顺序可以让人更好地抓住重点。

因为时间只有 1 分钟，所以 1 行写 20 至 30 个字的话，大部分人都能写够 4 行，更能写的人可以写到 5 或 6 行。其实设定这个 1 分钟的时间限制，也是为了让做笔记的人集中精力，不去考虑那些乱七八糟、没有用的事情。

有些人特别能写，虽然时间限制在 1 分钟以内，却能够写 7 至 10 行。如果有了这种写不完的感觉，那么大多数情况都是因为很多不同级别、不同重要程度的事情混杂在了一起。举例来说就是如下的感觉：

- A

- B1

- B2

- C

- D1

- D2

- D3

- D4

也就是说本来应该只写 A、B、C、D 这四个同等级别、同等重要的事情，但是在 B 和 D 之后还写了下一级的内容。

举个例子：

- 秋田县

- 新潟县

- 上越市

- 长野县

- 下关市

- 宇部市

- 德山市

- 岩国市

这就是把县和市混为一谈的感觉。如果仅仅是县和市没有区分开，那还算是一目了然，可有时候却会更加乱七八糟。其实，只要稍加注意，这个问题便可以解决。即使是快速做笔记，也能够分清级别和重要程度。

综上所述，我才一直建议大家，最开始做笔记的时候要写 4 行以上，6 行以下。如果贪多，就会出现刚才提到的分不清主次的问题，问题意识也会变得薄弱。

1 分钟能写 7 至 10 行的人，脑子转得非常快，而且能够将脑海中浮现的想法迅速语言化，但是，大多数这种人都不太会系统地整理自己的思考，所以最好能多加注意。不擅长系统地整理思考也就是指，平时并没有考虑什么重要、什么不重要，以及先后的顺序。

　　但是,这类人即使被指出有这方面的问题,也总是很难理解,不能立刻领会。这种时候，就推荐用下述方法。

　　– A

　　– B

　　·B1

　　·B2

　　– C

　　– D

　　·D1

　　·D2

　　·D3

　　·D4

➔ **笔记 8**

为了能够积极反馈，应该怎么做　　　　　2013–12–1

– 想要更积极地反馈。

– 每天最少试着做 5 次。星期一至星期五这 5 天里尽量做 30 次。

– 很好地表扬、犒劳对方，帮忙出主意。

– 虽然很担心能不能做好，但是会试试看，这样一来迟早会出结果。

→ 笔记 9

为了能够积极反馈，应该怎么做　　　　　2013-12-1

– 想要更积极地反馈：
　·向团队成员；　　　　　　　·向合作企业的成员。
– 每天最少试着做 5 次。星期一至星期五这 5 天里尽量做 30 次：
　·上午 2 次，下午 3 次；　·周末若可以则 4 次 × 2。
– 很好地表扬、犒劳对方，帮忙出主意。
– 虽然很担心能不能做好，但是会试试看，这样一来迟早会出结果：
　·就算做不好，也没有什么风险；·因为从以前开始就想做这件事，所以做
　　　　　　　　　　　　　　　　　　就是了。

更加详尽的写法：在 4 至 6 行中的任意几行可以添加小点（仅限于非常想详
细写的时候）

　　正如上述形式，我建议大家将 A、B、C、D 列为上位（由于
是以连接号开始，所以称为"Dash Point"），再在其后写下具体
的点（由于是以圆点开始，所以称为"Dot Point"）。

　　举例来说，就是首先要整理出 P82 中"笔记 8"的形式，
也就是先写下通常所需的 4 至 6 行的正文。

　　在此基础上，如果添加了"Dot Point"，就会变成"笔记 9"
那样，在第 1、2、4 行后分别补充了两行。这样就详细记述了
应该向谁积极反馈，又该如何做到每天 5 次以上。此外，因为
就算做了也没有什么风险，所以从心理上就会想要赶紧尝试。

不用在意书写顺序

4至6行的正文，在写的时候完全不需要在意其构成和顺序。如果要考虑起承转合、归纳法、演绎法的话，大脑的运转速度就会立刻变慢。

不可思议的是，就是这样一股脑地写，内容却能够自然地起承转合，而且顺序也会相当清晰易懂。差不多写个40至50页（四五天的量）就可以了。不费吹灰之力，只要多多做笔记，自然会有收获，也是这个方法最吸引人的地方。

人类本来就拥有你想象不到的能力。一旦开始想着"必须要做些什么，必须要遵循某种规矩，必须要像回事"的话，人类的这种能力就会发挥不出来。因为想要"像回事"，反而会影响到自己。

我所推荐的这种做笔记的方法，可能也拥有每天对自己说10次以上的"不像回事也没关系，只要怎么想就怎么写就可以了"的效果。

务必遵循笔记格式

每当我向人们介绍了做笔记的方法，并请其练习之后，总是会获得好评。很多人都对我说："有一种茅塞顿开的感觉，今后我每天都会做笔记。"虽然大家都非常热心积极是件好事，但是每几个人中，总有一个人会尝试把 A4 纸竖着放，或者不用 A4 纸而改用笔记本，又或者将 A4 纸从中间分开来使用等等，破坏了我所介绍的做笔记的格式。总是会有人并不是努力写几百页，而是朝着我所不期望、不推荐的方向去努力和想办法。

本书所介绍的做笔记的方法，是我尝试了无数次其他的方法、写了好几万页之后，才摸索出来的。我想尽了各种办法，因此这种做笔记的方法已经高度完善了。虽然乍一看似乎没什么，但是这其实是实践出来的结晶。如果不了解这种方法形成的背景，而擅自做一些自己的改动，就会浪费这种好不容易整理出来的方法，也起不到什么作用。

首先，比起笔记的格式，希望大家能够在内容上多下工夫。只要写上数百页，相信大家就一定能够明白现在这种笔记格式的合理之处了。这是经近百人尝试过的方法，所以希望大家先在内容上加把劲。

这跟刚开始学习网球、高尔夫和钢琴是一样的。诸如我想参加俱乐部或者拥有自己的球拍，虽然不是很懂但是我想这样挥打，我想要比现在的球拍大 2 倍的球拍，我觉得用 4 根手指弹钢琴比较帅所以想那么弹……其实这些几乎都毫无意义。

真正会有所成长的人都是顺从地吸收，当达到某种程度之后，自然而然地就会力争更进一步。

3.3　想到的事，不论是什么，先写下来

现在已经清楚了做笔记的格式，那么具体应该怎么做笔记呢？

想到的事情、在意的事情、疑问点、接下来要做的事情、有关自己成长的问题、十分生气的事情等等，只要是脑海中浮现出来的，都可以写下来。将脑海中浮现出来的事情，用语言以最原始的形式写下来。

因为这个笔记是不会给别人看的，所以无论是标题、正文还是讨厌的人的名字，都不用避讳，可以直接写下来。所有的事情写得越是具体，焦点就越明确。有所忌讳是大忌。通过毫无忌讳地畅所欲言，人的心情就会像把屋里的垃圾都清理出去一样痛快。整理了心里所想，看清楚自己究竟在为什么而劳神费心之后，烦恼也会大幅减少。

讨厌的事情、在意的事情、虽然生气但是也不知道该怎么办的事情，都会令我们非常痛苦。最糟糕的景象总是在脑海中浮现又消失，消失又浮现。越是消极的事情，越是讨厌思考，

就会越尽力不去想。因为就算努力去想，讨厌的事情还是一样讨厌，总是会在某个瞬间又浮现出来。虽然想用橡皮抹去这些讨厌的事情，但是至今为止人们都无法抹去脑海中的记忆（真正非常严重的情况，我们的大脑会消除记忆。但这其实并不是消除干净了，而是留下了一道很深的伤痕，以心理阴影的形式束缚着我们的行动）。

但是，每件事情写 1 张 A4 纸，而且仅用时 1 分钟将讨厌的事情写出来后，就会像用橡皮真正擦干净一样，内心的伤痛也会一点点减少和改善，就像是清理了内心的污垢一样。

对于那些明知道不该想，却还是忍不住想的事情，反而是清楚地写下来放在眼前，更能让自己的心情平静下来。这比跟朋友抱怨 3 个小时要有效得多。

这是因为，通过将对方的名字、什么地方很讨厌、对方如何过分、对方是一个多坏的人、为什么自己没能反驳、怎么才能给对方好看……这些都具体地写在眼前那张纸上，就可以清晰地审视自己的心情。与仅仅是说出来不同，这样做思想可以得到整理，而且不会绕圈子，心情也就能够尽早平复。写在纸上之后，自己就能够确定对方令自己讨厌的地方和无论如何也不能原谅的地方，自己也就能够向前迈进一步。

就连无法对最亲密的朋友说的自己内心的黑暗面，也能够一个人写在面前的这张纸上，不用担心会被别人以异样的眼光看待，能够诚实地面对自己的内心。

在笔记中将心声全部倾吐之后，一边看着所写的笔记，一边又能写出诸如又想到的事情、果然还是无法原谅的事情、对方最讨厌的地方等的新笔记。如果真的非常生气，那么只要一直继续写下去就可以了，即使要写上几百页也可以。

其实，一旦尝试过这种做笔记的方法后，就会发现根本也不用写个上百页。大概写个 20 至 30 页之后就会发现已经没什么可写的了。发现了这一点，自己的心情和状况已经在某种程度上得到了改善，可以相当冷静了。由此一来，也就开始发现自己身上的问题，并且开始积极地面对问题，考虑今后该如何采取措施。1 页 1 分钟这个做笔记的过程其实也只需要 30 分钟左右就能够缓解情绪。如果写上 1 个小时，心情就会大大改善。

3.4　笔记写在 A4 纸的背面

做笔记的时候，最好用 A4 纸的背面。可以将不用了的资料纸的背面当作笔记用纸。如果是用完了的纸张，就可以随心所欲地在背面想怎么写就怎么写了。其实，只要试着用两面空白的纸写个 4 至 6 行就明白了，如果 1 页纸只写那么一点点内容，每天写个 10 至 20 页的话，估计会有些抵触吧。如果是用废弃的资料纸背面的话，就完全没有这个问题了。

如果实在找不到合适的纸张的话，也可以买那种函授办公用品的复印纸，500 张也就 300 到 400 日元，平均 1 张纸还不到 1 日元，这样一来，每天在做笔记上的花费也就不会超过 10 日元了。而且买一次就可以用一个半月。虽然可能因为这些纸完全没有用过而有些舍不得用，但是这绝对不贵，而且写完这 500 页之后会很有成就感。

如果身边没有能用的单面纸的话，我会向大家建议以下这种既能提高信息灵敏度，又能用到纸张背面的方法。

我建议那些希望自己有所成长的人，可以每天花 30 分钟左右的时间从网上收集信息。具体做法是只要每天都快速浏览Facebook 和 Twitter 的新鲜事（即登录时出现的所关注的人发布的内容）、邮件广告，以及"Curation Tool"即可。可能还有人没有开始使用 Facebook 和 Twitter，但这些社交网站基本是人人必备的信息收集工具，并逐渐开始取代邮件，成为人们交流的工具，所以希望大家一定要学着利用起来。电话发明后，与之前没有电话的时代相比，世界得到了极大的拓展。

"Curation Tool"是一种每天为人们推荐自己所关心话题的报道，以及 Facebook、Twitter 上的热门文章等内容的工具，它会根据用户读过的文章智能化地为用户提供其他想看的内容。

如果我碰到了一篇好的文章或报道，我会将这位作者或记者写的文章或报道都看一遍。因为，能写出一篇好文章或报道的作者或记者，写出深刻内容的概率也更高。

这时，大部分文章只要泛读就可以了，而其中觉得重要的部分则可以复印下来。通过拿在手上阅读、做笔记、写下感想等，会加深对这篇文章的理解，这篇文章也就成为自己的了。通过这种方法得到的信息灵敏度和信息获取能力是 Bookmark 和 Evernote 无法比拟的。做好记号、写下感想之后，将这张复印纸和同样标题的笔记用 A4 纸放在同一个文件夹中（文件夹的使用方法将在第 5 章具体说明）。

好了，现在终于可以回到正题了。打印一篇文章时，在文章后面总会跟着打印出好几页的广告。但是我们又很难确定这篇文章究竟有几页、从哪里开始是广告，而且确认要打的页数也会很费时间，所以我从来都不会考虑这些问题，直接就打印，而这些打印出来的广告纸的背面就可以用来做笔记。当然，有时也会使用旧的 A4 资料纸的背面打印。

最近，单色激光打印机一台大概 8000 日元左右，因为打印速度很快，而且打印每页的单价比喷墨打印机要便宜得多，所以我建议那些想要努力工作的人应该人手一台。

3.5　每天做 10 页笔记

我建议大家每天做 10 页笔记。因为每一页都要在 1 分钟之内写完，所以每天也就花 10 分钟左右。而且并不是集中时间来做这件事，而是随时想到随时写。因为只有在想到的那一瞬间写下来，才会让头脑更灵活，更加刺激自己发挥想象力，所以最好不要拖到后面一起写。而且之后写还很容易忘记自己突然想到的事情，所以要在当下就把这页写完。

每天写 10 页也不是什么困难的事，我相信很多人都能写出来。但是，如果说是要在 3 天写 30 页，1 星期写 70 页的话，相信很多人都会觉得太费事了。如果不是相当有毅力、有决心的人，估计很难坚持下来。

每个月我都会作多次演讲，并向大家介绍做笔记的方法，而且很多时候都会请大家当场就开始写。大多数人在尝试了这种做笔记的方法之后会非常欣喜，表示一定会继续写下去。但遗憾的是，能够坚持下来的人却是少数。每天写 10 页的话，2 个星期就是 140 页，1 个月就是 300 页，半年就是 1800 页。仅仅是 1 分钟写下来的简简单单的笔记，能坚持下来，也是一件了不起的事情。

每天坚持用 10 分钟写 10 页，无论是谁都可以在 3 个星期内就感受到自身的成长。比如，开会时会比以前更容易领会大家所说的意思，让大家更愿意听自己发言，可以耐心听别人把话说完，或者觉得比以前更自信了等等。

那为什么不写 5 页或是 20 页，而一定要写 10 页呢？经过我的诸多尝试，发现虽然极少数时候会有想写个 20 至 30 页的感觉，但是平均每天只要写 10 页，就能将那一天所在意的事情、想到的事情都概括完了。当然，人每天考虑的事情肯定不止 10件，但是越写就越会发现思路得到了整理，平均每天写 10 页就足够了。何况，1 个星期写上 70 页，某种意义上也就没有什么烦恼可写，也想不到什么新想法了。如果能够将延缓大脑思考的担忧全部倾吐出来，那么您肯定也会觉得 1 天写 10 页就可以了。

不对，这太奇怪了。我每天绝对在考虑数十件以上的事情，想法也是无穷无尽地涌出，而且每天都会不断出现尚待解决的事情——肯定有人会有这种想法吧？如果是这样的话，那就请您一定要每天写 30 页或 40 页，这当然也是很厉害的。

然而，实际这样做了之后肯定坚持不了多长时间。每天写 10 页，也就是要写 10 个题目的内容，实际操作之后就会发现，这其实并非易事。每天写 10 页的话，还能努力坚持个两三天，但大多数人基本都坚持不了 1 个星期。

为什么会这样呢？这恐怕是因为，大多数人虽然平时总是在思考各种各样的事情，却总是犹豫不决，在原地兜圈子。将思考的这些事情，每页纸写 1 件，那么这件事情就算大致得到了解决，所烦恼、忧虑的问题也会锐减。虽然您可能觉得，由于这件事情还留在脑海里，所以每天还是会想到、思考很多事情，但实际上可能并非如此。因为每天都要想出 10 个新的烦恼和问题也不是一件容易的事情。

反过来说，如果不做笔记，就会总是反复思考同一件事情，烦恼不但不会减少，还会白白浪费脑细胞。这也是人们浪费时间的一个实例。

3.6 每页 1 分钟，一想到就立刻写下来

在笔记的正文中，既可以采用将问题点和想法一一写下的方式，也可以像写故事一样按照起承转合的方式来写。不论采用哪一种方法，都不要过多思考或烦恼，只要将脑海里浮现出来的事情写下来就可以了。不要想那些内容究竟有没有用，只要将自己最真实的感受写下来就好。最开始时，要一边看表，一边在 1 分钟之内在这一页写完 4 至 6 行，如果还想要添加一些内容的话，仅可额外延长 15 秒钟左右。

将做每页笔记所用的时间限制在 1 分钟以内的原因是，如果不抓紧时间，那么不知不觉间，三五分钟就过去了。大多数人都曾有过把纸放在面前想了好几分钟，却什么都没有写下来的经历。也有不少人都是写了两三行觉得不好，就撕掉重写，再写两三行还是觉得不对，再撕掉重写，翻来覆去没完没了。

其实，并不是花的时间越多就越能做好一件事情。不论是写文章还是做企划，很多人应该都曾感到在截稿前的效率远比之前要高好几倍。与电脑不同，人的大脑和内心十分依赖环境

和周围的状况。

特别是每页写 1 件事情的笔记，绝对不是多花时间就能够写出更好的。我曾经让很多人进行过尝试，如果什么都不写，那么不知不觉中好几分钟就过去了，而内容也并没有增加多少，所增加的不过是烦恼的时间而已。这样看来，当然是快速写完，然后继续下一个内容，更容易整理自己的思路。这样做可以练习让原本模糊不明的想法语言化，而且还能提高效率。

要注意，虽说是抓紧时间，但并不是说就可以潦草地写一些不正确的语句。其实，只要稍稍努力，就可以瞬间写出简单易懂且正确无误的语句了。在会话中，每个人都能做到这一点。

"早上好，昨天的报告会怎么样？"

"谢谢，很顺利哦。"

"那太好了，部长说 OK 了吗？"

"嗯，非常满意。我都觉得有点意外了。"

"是吗？哪个部分很好？"

"似乎是认真听取了用户意见这部分得到了很高的评价呢。"

"真是太好了！下次要教我做用户访问的秘诀啊。"

上述这段对话大家都能够顺利地完成。如果快的话，别说 1 分钟，可能 15 秒就结束了。而且，所使用的都是正确的语句。

所有人都具备这个能力。

但是，当眼前摆好纸张，或是坐在电脑前的时候，人的这种能力就只剩下十分之一或者更低了。做笔记就可以改善这个问题，而且是从根本改变。而改变的契机便是只花 1 分钟写 1 页纸这种速度感。

认认真真地写字会花很多时间，所以只要用自己能看懂的字书写就可以了。虽然这份笔记是写给自己看的，但是一旦习惯了之后，一些笔记其实可以复印后发给团队成员，或是递交给上司进行业务说明。因此，比起写得极其潦草，倒不如养成好一点的书写习惯。这样自己以后也容易看明白。而且，不管是工整地写还是潦草地写，其实花的时间都差不多。

在多次做笔记研讨会上，我会先向大家讲解做笔记的宗旨，并大概介绍一下写法，然后就开始让大家实际动笔写。在最开始的时候，很多人再怎么努力都只能写两三行，每行也就写个 5 到 10 个字。

但是，一旦写了几页之后就会发现，速度惊人地得到了提高，头脑也越来越灵敏。写上 5 到 7 页，就不会再苦恼无法动笔写下头脑中的想法了。比较自己最开始写的笔记和写了几页之后的笔记，这种进步就会一目了然。写下的行数和每行的字数也有很大的不同。

最开始，希望大家能做到看着表的秒针，用 1 分钟的时间写完标题、日期、4 至 6 行的正文。一旦开始，基本上很快就能找到 1 分钟的时间感。虽然有的人可能在刚开始的时候很不适应，但这种不适应也只是一点点而已。坚持下来，就会惊觉自己正在飞速进步，无论是谁都能做到瞬间做笔记。

有时候，1 分钟写完 1 页之后，还会有"啊，还是想再写点儿"的感觉。这时，只要保持刚才的速度，将时间延长 15 秒左右就可以了。一旦适应了迅速书写，那么延长的这 15 秒就会非常宝贵。因为这是头脑超高速运转的 15 秒。这样一来，时间感和速度都会提高更多。

做完笔记后，要立刻回头推敲两三秒，其实就是在写完那一瞬间，看一下刚写完的那一行即可。如果有需要补充的内容，不要犹豫，直接写下来就好。实际上，一旦习惯了这种做笔记的方法，也就不再需要这种时间了。因为那时已经能够做到瞬间想到如何描述脑海中闪现的内容，能够不多不少地写下来了。

一旦适应了这种做笔记的方法，就会习惯从重要的事情开始写，因为是非常具体的内容，所以并不需要反复推敲内容。有的时候再看以前写的笔记，甚至会有一种这么优秀的内容仿佛不是自己所写的感觉。另一方面，根据这些笔记来归纳 PowerPoint 资料的时候，当然少不了要进行推敲。那时就需要一边看笔记，一边寻找在 PowerPoint 中最适合的表现方式。

另一件非常重要的事是，要在瞬间想到什么的时候，当场记录下来。也就是说，并不是在睡觉前一口气写 10 页，而是要在想到的那个瞬间就动笔开始做笔记，想到了什么就趁着还没忘记先写下来。这样做才能记录下最新鲜、最原始的感觉。

　　我认为，人与想法都是"一期一会"①。因为脑海中浮现出来的想法和忧虑等很有可能不会再出现第二次，所以要当场就写下来，只有这样才不会消失不见，这个想法也就真正成为自己的东西了。虽然是自己写的东西，但是在以后回顾的时候，肯定会有好几次都佩服自己竟然能写出这么好的内容。

　　如果打算在睡觉前再一并做笔记，那么原本想到的内容就会消失不见。即使能模糊地记得，内容也是暧昧不明的。这样不但很难做笔记，而且渐渐地就会觉得做笔记是一件很麻烦的事情，所以我并不推荐大家这样做。无论如何，都是在想到的那个瞬间就当场做笔记会更好。这种时候，实际上写 1 页的时间连 1 分钟都不需要。但是很多时候，相对简短的文章只要 30 至 40 秒就能写出来，这在开会的时候也够用了。

　　所谓想到的瞬间，是指起床以后、上班途中、刚到公司之后、中午休息时、工作中、睡觉之前等任何时候。脑中闪现出什么的时候就是最佳时刻。我自己一般都是在飞机或新干线上等没有其他什么事情可做的时候最容易想到什么。自古以来，人们就说在"三上"（马上、枕上、厕上）的时候写文章，最有助于推敲自己的想法，真的就是这样。

①　日本茶道用语，指一生仅此一次的际遇。——译者注

3.7　不能用笔记本、日记本、word 的原因

只要坚持做笔记，就会发现整个人变得很有精神，也感觉不到什么压力了。在不用顾虑其他任何事情的情况下，只是一直写而已。因为每一页只写一件事情，所以也不需要考虑前后关系，不用拘泥于形式，而且也不用想着为这些笔记排列顺序，只要把脑海中浮现的内容原封不动写下来就可以了。这就好比是屋子脏了，也不用考虑打扫的顺序，直接把所有的灰尘和脏东西都清理出去一样。

通过做笔记，整理思绪和使自己的思考体系化将不再耗费体力和精力，这是非常重要的一点。突飞猛进地提高了效率，使自己的能力得到最大的发挥是这个做法的关键所在。大家在写企划书的时候，之所以耗费了大量的时间、精力和体力，是因为觉得要写一份企划书就必须先进行一番整理，将思考体系化，然而这却成为了一种压力，无形中延缓了大脑的运转。普通人一般都浪费了大量的时间。而如果是使用一张 A4 纸的话，就不用过多考虑，不用烦恼，要做的仅仅是写出来。

　　虽然很多人都是用笔记本进行整理，但是我并不推荐这种方法。其实，我自己一开始做笔记的时候也是用笔记本，但是，如果一直把想法和在意的事情写下去的话，很快就会写完 1 本。因为要一直写下去，所以不知不觉就用掉了 20 本笔记本。

　　但问题是，如果能够整理自己的思绪也还好，但这种做法其实完全无法整理思绪。在笔记本上做笔记，其实只是按照一系列的时间在书写而已，所以如果用好几天或者好几个星期在写类似的内容，是无法整理自己思绪的。最后，为了方便寻找，我不得不在我的笔记本上贴上彩色便签纸，关于采访方法的贴黄色，关于阅读的贴蓝色，关于交流的贴粉色等等。但是，这种做法不仅需要耗费大量的彩色便签纸，而且分类也受便签纸颜色种类的限制。之后，我还不得不再在黄色便签纸上写上有关某一个内容的小标题，做好的笔记逐渐也会变得无法归纳整理。

　　日记本跟笔记本是一样的道理，所以我也不建议大家使用。首先，日记本也是因为同样的原因而不方便整理；此外，因为是日记，所以每天都要按照时间顺序书写。如果按照时间顺序来写，就会想到"啊，对了，今天还发生了那样一件讨人厌的事情啊"，可能是由于将不好的记忆与日期结合了起来，这些烦恼更加难以忘记。虽然反思过去很重要，但是以日记的形式去定格过去这种做法，去通过做笔记让头脑和心情保持愉悦舒畅，二者其实很难联系到一起。

　　比起将头脑中的想法和说不清道不明的感受认认真真地写在日记里，将每一件事情写在 A4 纸上会更容易整理思路。这种做笔记的方式与其说是一种记录，倒不如说是灵活地将想法从脑中提取出来、写下来。

　　此外，我不推荐大家使用日记本的理由还有三个。第一，日记本跟 A4 纸比起来价格要高。第二，因为日记本是装订起来的，所以很难随性地写写画画。再者，如果将想到的事情当场就写下来的话，那么恐怕两个星期左右就能用完 1 本日记本了，最终面对一大堆日记本，也无从下手整理，甚至都不知道在什么地方写了些什么。

　　此外，市面上还有那种可以整齐地将纸从笔记本上撕下来的本子，但是我并不太推荐大家使用这种本子做笔记。在睡前要将用过的纸撕下来，也是一件花时间的事情。这个时间还不如多写几页笔记。而且如果每天都要做很多笔记的话，很快就会用完好几本，这样一来成本就高了。

　　可能很多人都是在电脑上用 Word、PowerPoint、Excel 等做笔记，但是现在的电脑其实很难做到想写的时候就立刻书写，然后快速绘图并进行整理，随后再按照不同的文件夹和其他 A4 纸分类放在一起这一系列操作。而且，最根本的，如果不开电脑就不能做笔记。就在开机的时间里，自己想到的东西也早已忘光了。

　　可能有的人会说，盲打的速度比手写快多了。确实，如果只有文字的话，盲打的速度是很快，但是一旦想要在笔记上画些图就会很费时间。原本手绘只用 10 秒钟就能完成的小图，在电脑上可能花了 5 到 10 分钟都没有画好，结果大脑的运转速度也受限了。

所以，使用电脑的话就会出现只适用于文字书写这个问题。最后原本只要画些图就能够迅速完成的事情，由于使用电脑只能用文字表现，因此用文字无法表现的内容就会自然而然地被省略。

如果，电子纸将来发展到售价非常便宜，能够一次性使用 10 个左右，也不需要担心电池电量不够用，而且能够像手写一样使用，键盘也得到了很大改善的话还有重新考虑的余地。但这是将来的事情。通过不断往纸上大写特写得到的痛快感、将做笔记的纸排列在一起得到的新发现、将写好的笔记放在 7 到 10 个文件夹后那种快速整理完毕的成就感和安心感等等都是使用纸张的好处，目前还没有其他方法可以取代。

3.8　笔记控制在 1 分钟内，在任何地方都可以写

最适合做笔记的笔

为了能够在 1 分钟内写完 1 页笔记，对笔的选择是非常重要的。如果不能流畅地书写就无法在 1 分钟写完了。我建议大家使用直液式水性圆珠笔。这款笔无需笔压就可以非常流畅地书写，而且写到最后都不会漏水，也不会蹭花，能够书写得非常漂亮。

我最不建议大家使用的就是自动铅笔。跟刚才我推荐给大家的水性圆珠笔比起来，估计书写速度要慢个两三成。而以前的圆珠笔都需要有笔压，很难快速书写，一旦写上几页就会觉得累了。

虽然看似有些过于纠结于小细节，但是为了每天都能坚持不懈地做 10 页笔记，我认为选择一个好的书写工具是非常重要的。在大型的工厂让好几百人尝试做笔记的时候，我经常推荐这种水性圆珠笔，而且还经常送给大家做礼物，之后公司的总务部门还将这种笔称作"赤羽笔"而大量购入。

要做到无论身处何地都能写笔记

从开始用 A4 纸做笔记起，在我办公桌和家里的书桌上，便经常准备着 100 页左右的 A4 纸，此外，在我的公文包里也经常放着 20 页左右的 A4 纸。因为做笔记很重要的一点就是，无论身在何处，有想法的时候就要写下来。每次去国外出差时，虽然出差的天数不同，但我一般也为以防万一，带上 60 至 70 页 A4 纸。由于去国外出差会得到很多刺激，所以会想写很多笔记，我希望自己能够将这种宝贵的发现、想法毫无遗漏地写下来。

很多人喜欢用下面这种夹纸书写板，因为这样无论在哪里开会都能随时书写，当然在自己家也是一样的。关于这一点，因个人喜好而异，但是能够做到随时随地做笔记这一点非常重要。

使用做笔记专用的夹纸书写板也很方便

　　在使用夹纸书写板的时候，我建议大家将夹子放在左侧。因为做笔记的时候，标题和正文都是从左边开始写的，所以这样做比较便于书写，而且翻纸的时候也便于看到标题。当然，每天晚上睡觉前要将写好的 10 至 15 页笔记都分类放入文件夹中。

　　此外，在电车上等无法展开 A4 纸的地方时，有的时候也会非常想要做笔记。这时，便可以将 A4 纸折三折，在最上面那一部分像平常一样做笔记就可以了。因为纸宽只有原来的三分之一，虽然很窄，但是像平时那样写就可以了。折好的 A4 纸，男士可以放在西装的胸前口袋里，女士可以放在手提包内。

　　之所以如此在意做笔记的方法，是因为如果不在想到的那一瞬间写下来，就很容易忘记。就算打算先写在什么地方之后再誊抄到笔记上，然而新的想法还是会不断涌现，所以当场就把想法做成笔记非常重要。这样做好的笔记便能够和其他笔记一样进行整理，也就完全不会浪费时间了。

将 A4 纸折 3 折后便能在任何地方做笔记了

3.9 情绪要再三思考后再写入笔记

有的人虽然打算开始做笔记了，但是对于要写些什么，却完全无从下手。这时，可以对现状和今后的阶段进行解释的便是下面的图示。

人都是有情绪的，都会感到开心或悲伤，有喜欢和不喜欢的事物，也有想做和不想做的事情。在情绪过后，人便会浮现出一些想法。如果将这些想法进行整理，在某种程度上就会浮现出一些语言，我们要做的便是将浮现出来的语言写到笔记里。做完笔记之后，就会进入努力解决某个问题的阶段。但是，人与人之间有不同程度的差异，我在此将其进行了比较。

图中，①这个箭头，代表了抹杀掉情感的一类人。一旦将情感抹杀，那么就很难再产生情感。并不是说这个人完全没有一点情感了，而是处于一种情感被抑制的状态。

②这个箭头则代表了不思考的人。这类人虽然很容易将情感表现出来，但是却不会浮现出什么想法。

③这个箭头则代表普通人。这类人在某种程度上会浮现出

→ 从情感到着手整理思考、做笔记、解决问题的流程

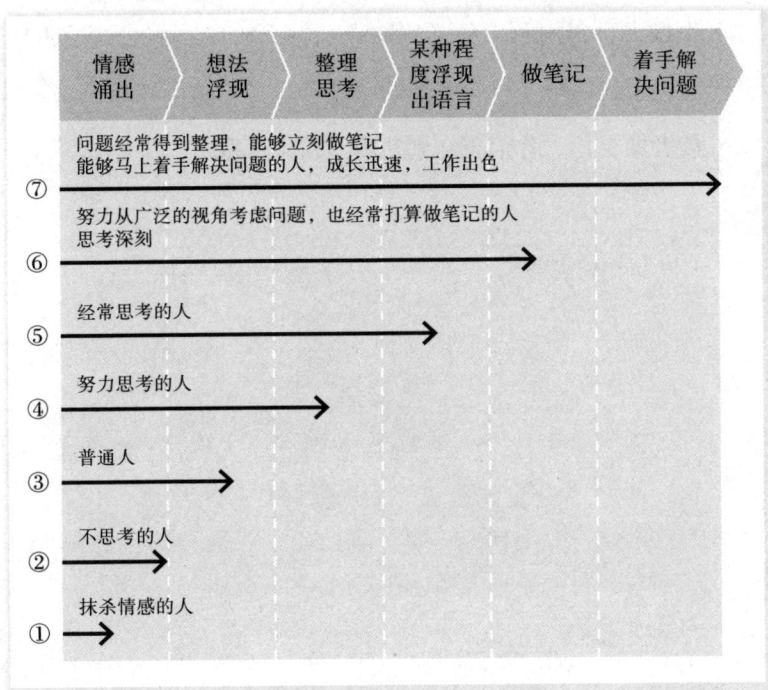

情感涌出	想法浮现	整理思考	某种程度浮现出语言	做笔记	着手解决问题

⑦ 问题经常得到整理，能够立刻做笔记
能够马上着手解决问题的人，成长迅速，工作出色

⑥ 努力从广泛的视角考虑问题，也经常打算做笔记的人
思考深刻

⑤ 经常思考的人

④ 努力思考的人

③ 普通人

② 不思考的人

① 抹杀情感的人

一些想法。

　　④这个箭头代表的则是努力思考，某种程度上可以整理思考的人。

　　⑤这个箭头则代表了经常思考的人。这类人脑海中会将某个想法以语言的形式浮现出来。

　　⑥这个箭头代表的则是努力从广泛的视角进行考虑，并且经常打算做笔记的人。这类人的思考相当深刻。

　　⑦这个箭头代表的则是思绪经常得到整理，能够当场做笔

记，并且立刻着手解决问题的人。这类人的成长非常之快，而且工作做得也很出色。如果能够达到这个阶段，那么就说明您已经到达了我在第 2 章所解释的"零秒思考"这个境界了。

　　读者朋友们，你们现在到达哪个阶段了呢？

3.10　不同状况、需求下的笔记题目范例

　　做笔记的时候，如果标题总是含糊不清，那么最好的方法就是，在脑海中突然闪现的那一刻，便将这个标题写下来。虽然一旦适应后就可以写得非常顺畅，心情也会很愉快，但是最开始时总是会出现想法闭塞的情况。因此，为了在大家想不出标题时提供一些帮助，我试着写了一部分标题。可能有些人并不苦恼于想不到标题，但是看过下列标题之后，也许您也会发现有非常切合自己情况的标题。职务和姓名等我都是假设的，希望大家在真正做笔记的时候能够使用真实的职务或姓名。

平心静气，整理思考

<上司发火的时候，要沉着冷静>

- 为什么课长要用那种讨人厌的说法呢？
- 说那种话，课长是怎么想的呢？他就没事吗？
- 课长到底是什么目的？

- 课长是不是只是心情不好?

- 听到课长用那种讨人厌的方式说话,别人会怎么想?

- 课长对谁说话会更客气些?

- 在什么时候,课长会用更礼貌的方式对我说话呢?

- 如果我是课长的话,我会用什么方式说话?

- 部长是怎么看课长的呢?

- 同事们又是怎么看课长的呢?

<没精神的时候,要稍微打起精神>

- 自己什么时候会无精打采的?

- 自己什么时候很有精神?

- 以前也是这样吗?

- 谁一直都精力十足?他(她)是如何保持精力旺盛的呢?

- 谁又总是没有精神?为什么会这样?

- 周围的人都是怎么看待总是无精打采的某某的呢?

- 周围的人怎么看待没精神的自己呢?

- 怎么做才能让大家觉得我很有精神?

- 如果没精神却硬是装作有精神的话,会发生什么变化?

- 如果将脑中那些含糊不明的思考都发泄出来会不会更有精神一些?

<变得不再忐忑不安>

- 现在为什么总是忐忑不安?
- 什么时候会觉得忐忑?
- 什么时候不会忐忑?
- 忐忑不安是怎么回事呢?
- 谁看起来不会忐忑呢? 为什么呢?
- 如果将在意的事情明朗化,是不是就不怎么不安了?
- 忐忑不安的话会发生什么事情?
- 以前是不是不会这么忐忑不安?
- 不忐忑不安、保持平常心对自己来说是一个怎样的状态?
- 有没有就算不安也依然能不受影响的方法?

<变得不怯场、不紧张>

- 什么时候会怯场?
- 什么时候不会怯场?
- 是从什么时候开始变得怯场的?
- 在谁面前总是怯场?
- 不怯场的人都有什么样的特点?
- 他们为什么能做到不怯场?
- 怎样做自己才能也不怯场?

- 怯场只是单纯的太在乎别人的看法吗?

- 如果想着就算怯场了也没关系,会怎么样?

- 就算怯场了,如果结果相同是不是就没关系了?

<消除自我意识过剩>

- 什么时候会自我意识过剩?

- 自我意识过剩是一种什么情况?

- 是什么导致了自我意识过剩?

- 谁会自我意识过剩? 大家又怎么看他(她)?

- 自我意识过剩的人在考虑什么?

- 如果站在高处审视自我意识过剩的自己,会发现什么?

- 自我意识过剩是不是说明自己没有自信?

- 自我意识过剩和自尊心太强是差不多的意思吗?

- 什么叫自尊心太强?

- 说自尊心强是以什么为基准的?

<消除自我嫌弃>

- 自己为什么会讨厌自己?

- 究竟什么是自我嫌弃?

- 是以什么为契机开始讨厌自己的?

- 自我嫌弃是不是因为之前的过度期待?

- 什么时候会讨厌自己？

- 谁看起来不会讨厌自己？为什么？

- 自我嫌弃之后有什么感觉？

- 如果不再讨厌自己的话，心情又会变得如何？

- 自我嫌弃难道不是因为对自己要求太松了吗？

- 如果每天都能不自我嫌弃，对于自己来说又意味着什么？

＜和别人变得熟络＞

- 怎么做才能和别人变得熟络起来？

- 怎么做才能和某某熟悉起来？

- 什么时候能变熟？

- 什么时候不能熟络？

- 对自己来说，变得熟络意味着什么？

- 如果和别人熟络不起来，自己有什么感觉？

- 和谁都能熟络起来的人是怎么做的？

- 这些人和谁都很熟络不会觉得痛苦吗？

- 他们的哪种价值观能让他们和别人熟络起来？

- 怎么做才能从明天开始和任何人都能熟络起来？

＜变得不再说别人坏话＞

- 会对谁说坏话？

- 什么时候自己会说别人坏话？
- 说完坏话之后，自己有什么感觉？
- 为什么戒不掉说别人坏话呢？
- 说别人坏话是因为嫉妒吗？
- 一旦说别人坏话，周围的人会怎么看自己？
- 不说别人坏话的人是怎么调整自己心态的？
- 怎么避开喜欢说别人坏话的人？
- 说别人坏话究竟是什么意思？

＜变得就算别人说自己坏话也能不在乎＞

- 怎么做才能被别人说了坏话也不在乎？
- 要有多高的精神修养才能完全不为坏话所动？
- 什么坏话是自己不介意的？
- 什么时候自己会不介意别人的坏话？
- 什么坏话格外无法原谅？
- 为什么某种类型的坏话会让自己特别生气？
- 那些人是怎么做到被别人说了坏话也完全无所谓的？
- 他们是如何消化这些恶言恶语的？
- 如果有自信就不会在意别人恶言恶语了吗？
- 被说坏话是运气的问题吗？

＜变得能够依赖别人、向别人撒娇＞

- 怎么做才能在应该依赖别人、向别人撒娇的时候，做到依赖别人、向别人撒娇呢？

- 难道就没有什么方法改变一下这种明明必须要求助，却无法依赖别人的性格吗？

- 依赖别人对自己来说意味着什么？

- 能够适度依赖别人、向别人撒娇的人拥有怎样的性格？

- 自己怎么才能向这种人学习？

- 为什么这么讨厌依赖别人、向别人撒娇呢？

- 适度地依赖曾经出现过什么问题吗？

- 如果该依赖的时候不依赖，之后问题更严重了怎么办？

- 人们为什么肯帮助我？

- 是不是对过度依赖的人有抗体？

＜消除对别人的过度依赖＞

- 什么时候会过度依赖他人？

- 过度依赖是指什么？

- 从什么时候开始自己变得过度依赖别人了？

- 过度依赖不好吗？

- 过度依赖之后有什么感觉？

- 被依赖的人有什么感觉？
- 为什么那个人会让自己过度依赖？
- 不会过度依赖的人是怎么做到的呢？
- 适度依赖是什么程度呢？
- 下一次怎样才能做到适度依赖？

＜消除孤独感＞

- 什么时候会感到孤独？
- 为什么会有这么强烈的孤独感？
- 感到孤独的时候要如何应对？
- 什么人不会感到孤独？
- 为什么有些人感觉不到孤独呢？
- 孤独感难道不是自己单方面的想法吗？
- 感到孤独是一种自虐吗？
- 怎么才能和孤独感好好地相处下去？
- 和别人交往就能减少孤独感吗？
- 和别人怎么交往才能减少孤独感呢？

＜从心理上自立＞

- 怎么做才能从心理上自立？
- 什么时候感到自己自立了？
- 为什么会依赖别人？

- 什么样的人看起来是自立的?

- 难道不是看起来很自立, 其实也非常依赖他人吗?

- 只要什么都能自己做, 就可以说自己自立了吗?

- 为什么自己总想着依靠些什么?

- 对自己来说什么是自立?

- 对自己来说, 自立就是从父母家搬出来吗?

- 怎样才能做到虽然经济上还多少有些依赖, 但是心理上能够自立呢?

＜变得爱父母＞

- 怎么做才能变得爱父母?

- 我的父母做了那么过分的事情, 我该怎么爱他们呢?

- 到底为什么, 父母会一直对我做那么过分的事情呢?

- 最近父母总是会让我帮忙干这干那, 绝对不会原谅他们。我该怎么办才好?

- 当自己生病很脆弱的时候父母才会突然亲近, 我今后能照顾这种父母的晚年吗?

- 怎样才能看到父母的优点呢?

- 能够毫不抵触爱父母的人是怀着怎样的心情呢?

- 普通家庭里长大的孩子都爱自己的父母吗?

- 如果不是普通的家庭, 究竟该怎么办呢?

- 自己从什么时候开始变得能够原谅父母了?

<变得有自信>

- 怎么做才能变得有自信?
- 什么时候自己会没自信?
- 谁总是很有自信? 为什么能一直自信呢?
- 有自信的人会给周围的人产生怎样的影响?
- 有自信的人会给人怎样的印象?
- 有自信是什么意思?
- 自己其实是有自信的吧? 不是吗?
- 怎样才能始终保持自信呢?
- 怎样做才能就算没自信也能做出成绩?
- 怎样做才能不考虑有没有自信呢?

<能够整理思绪>

- 什么时候, 思绪能够得到很好的整理?
- 谈论关于什么的话题时思绪会得到很好的整理?
- 思绪得到整理有什么好处?
- 思绪得不到整理有什么为难之处?
- 就算思绪得不到整理也无所谓的是什么事情?
- 谁的思绪总是很清晰? 他 (她) 是怎么做的?
- 人们怎么看待思绪总是很清晰的人?
- 人们怎么看待思绪不清晰的人?

- 思绪清晰和聪明有什么关系？

- 思绪清晰和情感又有什么关系？

顺利地交流

＜顺利地和男朋友短信交流＞

- 为什么他总是不立刻给我回短信呢？

- 什么时候他才会认认真真给我回短信？

- 刚开始交往没多久他就开始觉得发短信麻烦了吗？

- 打电话的时候也没发现什么问题，是不是他不太喜欢发短信？

- 他工作的时候也不喜欢发短信吗？

- 如果规定好时间发短信会怎么样？

- 他也懒得给别人发短信吗？

- 怎样才能不因为等他的短信而急躁？

- 他是不是不太喜欢发长的短信？

- 是不是不要跟他发太多短信比较好？

＜和上司的沟通变得容易＞

- 部长究竟希望进行怎样的沟通？

- 部长格外不喜欢的沟通方式是怎样的？

- 部长什么时候心情好？

- 部长什么时候心情格外不好?
- 不论部长心情好坏都能跟他好好沟通,该怎么做?
- 谁能和部长好好沟通? 他是怎么做的?
- 部长的工作方式? 如何配合部长的工作方式进行沟通?
- 部长擅长什么?
- 部长不擅长什么?
- 部长和上司是怎么沟通的?

<和下属的沟通变得容易>

- 和下属沟通的时候,应该注意的事情有哪些?
- 什么时候能和下属好好沟通?
- 和下属不能好好沟通的原因是什么?
- 下属对自己的印象如何?
- 下属对自己有什么期待?
- 什么样的上司可以让下属最容易做事?
- 应该如何对待下属?
- 应该如何对待女性下属?
- 应该如何对待男性下属?
- 自己的同事都是如何与下属相处的?

<变得可以和任何人交流>

- 怎样才能做到和谁都可以自然地交流呢?

- 跟谁可以毫无障碍地交流呢？

- 毫无障碍地交流之后有什么感觉？

- 没能顺利交流之后又是什么感觉？

- 跟谁没有办法顺利交流？

- 谁能够和所有人都顺利交流？为什么可以？

- 那种人有什么可以学习的地方？

- 如果自己的态度因人而异，别人会怎么看？

- 态度因人而异究竟是什么意思？

- 小学的时候肯定没有这些问题，怎样才能回到小学时候的状态？

＜变得可以对别人不那么客气＞

- 为什么有时即使是自己的事情也会对别人很客气？

- 什么时候自己会客气起来？

- 因为客气了，就会得到别人的高评价吗？

- 自己一般对谁很客气？

- 自己对谁不会那么客气？

- 对别人太客气了有什么不好？

- 谁对别人不会那么客气？出什么问题了吗？

- 从什么时候开始自己变得这么客气了？是什么原因造成的？

- 没自信就会客气吗？

- 客气是在逃避现实吗?

将想做的事坚持到底

<一旦决定就能不畏挫折地做下去>

- 怎样做才能不畏挫折地实行自己决定的事情?

- 谁能够做到一旦决定就不畏挫折? 他(她)是怎么做的?

- 他(她)是采取了怎样的思考方式和态度才能不受挫折困扰的呢?

- 究竟什么是挫折?

- 如果觉得就算受挫折也无所谓的话, 是不是就能轻松许多?

- 如果自己一旦下定决心是不是就不容易觉得受挫折了?

- 哪种决定方式和在哪种穷途末路的情况下, 不容易感到受挫折?

- 至今为止受到的最大挫折是什么? 人生因此而发生了怎样的转变?

- 挫折和非挫折之间的不同点是什么?

- 一旦做出决定就不过多地考虑, 先努力尝试看看如何?

＜不畏挫折地坚持学习英语＞

· 这次要怎么做才能彻底地学好英语？

· 为了不让英语学习受挫应该怎样做？

· 英语学习为什么只有刚开始会很积极？

· 怎样才能使英语学习有乐趣？

· 什么时候能够顺利地坚持英语学习？

· 英语学习的成果应该在什么地方进行检验？

· 怎样才能交到外国朋友？

· 在 Facebook 上交外国朋友然后聊天，怎么样？

· 出差的时候可以用英语和人进行交流吗？

· 把英语中打招呼和解释的话，都列表写出来练习，
  怎么样？

＜整理自己的梦想＞

· 1 年后，自己想干什么？

· 1 年后，自己变成了什么样才会感到满足？

· 3 年后想变成怎样的自己？

· 3 年后的梦想是什么？

· 3 年后，自己变成了什么样才会感到满足？

· 为此，今后半年内应该怎么做？

· 为了实现梦想，必须要学会什么？

- 自己的强项是什么？

- 关于梦想应该和谁怎么商量？

- 梦想对于自己来说究竟是什么？

＜决定升学＞

- 应该上大学吗？

- 上大学有什么好处呢？

- 上大学有什么不好的？

- 大学有意思吗？

- 如果不是很想学习，那么去上大学不会后悔吗？

- 有没有能够提前知道校园氛围的方法呢？

- 大家上大学时都干些什么？

- 很多前辈都专心于打工，这真的好吗？

- 选择专业学校怎么样？

- 在专业学校一心扑在自己喜欢的科目上如何？

＜决定工作＞

- 应该在这家公司工作吗？

- 在这家公司工作的好处？

- 在这家公司工作的坏处？

- 工作之后究竟最想干什么？

- 怎样才能使工作不仅仅是为了赚工资？

- 是不是应该听取某个前辈的意见？

- 找工作对自己来说意味着什么？

- 走向社会后到目前为止最大的改变是什么？

- 有越来越多的学生毕业后找到工作不久就想跳槽，
  自己该怎么办？

- 这个社会真的没问题吗？

＜跳槽＞

- 什么工作最适合自己？

- 在现在这个公司能够实现自我吗？

- 只要跳槽，问题就都能解决了吗？

- 为了跳槽应该准备些什么？

- 关于跳槽应该向谁问什么问题？

- 跳槽的风险是什么？

- 若是跳槽的话应该跳去哪里？

- 跳槽之后会发生什么？

- 跳槽了的前辈是怎么说的？

- 有人说一旦跳槽就会不断跳槽，是这样吗？

＜留学＞

- 应不应该留学？

- 要留学的话应该什么时候去哪里留学？

- 自己能够掌握留学必备的英语能力吗？
- 留学的目的是什么？
- 不留学的话会怎么样？
- 比起留学现在自己能改变什么？
- 留学的风险？
- 从现在开始应该准备的事情是？
- 关于留学应该怎样进行事先调查？
- 应该怎么准备留学费用？

＜结婚＞

- 可以和这个人结婚吗？
- 不和这个人结婚的话会怎样？
- 结婚的风险？
- 结婚的好处？
- 结婚后大家会幸福吗？
- 婚后不幸福的例子？
- 结婚对于自己来说意味着什么？
- 婚后怎样才能幸福呢？
- 结婚困难的地方在哪里？
- 大家为什么要结婚？

＜重视隐私＞

- 怎样做才能更重视隐私?

- 怎样区分隐私和工作?

- 重视隐私, 又能很好地工作的人是怎么做的?

- 没能很好地区分隐私的人怎么样了?

- 怎样才能既重视隐私又很好地完成工作?

- 不重视隐私就不能工作了吗?

- 隐私究竟是什么?

- 一旦从事了自己喜欢的工作, 大家就会很忘我地投入, 是真的吗?

- 感觉工作很快乐的时候应该怎么办?

- 怎样才能和不理解自己工作乐趣的恋人交往?

变得能够成长并更能胜任工作

＜能够迅速成长＞

- 什么时候能够迅速成长?

- 什么时候能够确实感受到迅速成长?

- 自己从什么时候开始迅速成长起来了?

- 能够迅速成长的话, 社会会怎么看待自己?

- 能够迅速成长的话, 周围的人会怎么看待自己?

- 能够迅速成长对自己意味着什么?

- 什么时候很难迅速成长起来?

- 感觉很难迅速成长的时候，是什么地方不好了？

- 对于自己来说，什么环境下无法做到迅速成长？

- 如何改变无法令自己迅速成长的环境？

＜变得在工作上很能干＞

- 工作很能干的人是在什么地方努力的呢？

- ○○为什么这么能干？

- △△为什么在工作上变得不怎么出色了？

- 什么时候感觉自己在工作上变得能干了？

- 对自己来说，能干是什么意思？

- 为了在工作上更能干，应该付出怎样的努力？

- 提高工作效率的瓶颈是什么？

- 怎样平衡工作的速度和质量？

- 工作上很能干的人在追求平衡速度和质量的关系吗？

- 怎样平衡工作上的强势和对人谦和之间的关系？

＜变得能够交出企划案＞

- 什么时候能够不断地提交企划案？

- 不断需要提交企划案的时候，有什么烦恼？

- 不断提交出企划案的关键是什么？

- 为了提交出企划案应该进行怎样的信息收集？

- 为了将收集到的信息归纳到企划案中,应该怎么做？

- 提交出企划案，需要什么样的着眼点？
- 能不断交出企划案的人有着怎样的特点？
- 不断交出企划案的人对于企划案的好坏有没有纠结？
- 提交不出企划的理由仅仅是因为犹豫不决吗？
- 交不出企划案难道不是因为觉得自己交不出才交不
  出的吗？

＜变得能够写出企划书＞

- 怎样将企划书的想法落实到目录中？
- 怎么考虑企划书的构成？
- 将企划书的构成分成三部分如何？
- 能够快速完成企划书的人有什么特点？
- 能够快速完成企划书的人是在什么时候怎么写的呢？
- 一般在什么情况下能够顺利写完企划书？
- 只要花时间就能写出好的企划书吗？
- 企划书的插图和对话应该怎么准备？
- 写完企划书之后应该怎样润色？
- 顺利地写完企划书与企划书的内容好坏有关系吗？

＜提高获取信息的能力＞

- 提高获取信息的能力是怎么一回事？
- 为了提高获取信息的能力，应该怎么做？

- 可以让自己总是保持在能够很好地获取信息的状态吗?
- 自己在什么时候、在什么方面可以很好地获取信息?
- 什么人可以很好地获取信息?
- ○○为什么总是能获得那么充足的信息?
- 擅长获取信息与信息收集能力有什么关系?
- 即使花费很少的时间也能获得很多信息该怎么做?
- 很会获取信息与能很好地工作之间有什么关系?
- 为了很好地获取信息是不是也需要自己向外传达些什么?

<不放松对信息的收集>

- 为了不放松对信息的收集应该怎么做?
- 总是能够收集到信息的人是怎么做的?
- 能够做到收集信息的人在这方面花费了多少时间?
- 工作很能干的人在收集信息上都下了什么功夫?
- 信息收集应该如何推进?
- 应该如何区分使用网络信息和不可靠的信息?
- 怎样才能不在信息收集上花费过多的时间?
- 如何经常检验信息收集是否适度?
- 如果将上网接触信息的时间分为早中晚 3 次,每次 15 分钟怎么样?
- 如何从根本上提高信息收集的质量?

＜保持高度灵敏＞

- 如何时常保持高度灵敏？

- 灵敏度高是什么意思？

- 灵敏度高的人付出了怎样的努力？

- 什么时候会感觉自己灵敏度低？

- 人们怎么看待灵敏度低的人？

- 人们怎么看待灵敏度高的人？

- 只要坚持收集信息，灵敏度就会提高吗？

- 怎样提高灵敏度？

- 如何寻找灵敏度高的人？

- 怎样让灵敏度高的人总是伴随着自己？

＜丰富自己的感性＞

- 什么是感性？

- 是什么决定了人的感受方式？

- 谁拥有丰富的感性？为什么会这样？

- 为什么别人都说○○富有感性？

- 为什么大家都说△△太感性了？

- 谁没有感性？为什么？有什么不一样的地方？

- 如何磨练感性？

- 感性能够磨练出来吗？

- 感性真的没有办法用语言很好地解释吗?
- 说感性难道不就是为了逃避用语言解释吗?

<能够在会议上很好地发言>

- 怎样能够在会议上很好地发言?
- 什么时候能够在会议上很好地发言?
- 什么时候没办法在会议上很好地发言?
- 无法很好地发言,该如何挽回?
- 谁在会议上能很好地发言? 他(她)又下了什么样的功夫?
- 谁在会议上不能很好地发言? 为什么会这样?
- 为了会议应该做什么准备?
- 怎样做才能在会议上好好听取别人的发言,然后使自己的发言也很成功?
- 顺利推进会议的关键在于?
- 如何在会议中作出贡献?

<使发表提案的报告变得出色>

- 应该如何练习作报告?
- 要做多少练习,才会在报告时有自信?
- 怎么很好地整理提案报告时要说的内容和要写下来的内容?

- 报告作得很好的人是怎么准备的？
- 报告作得很好的人有着怎样的思考方式和看问题的方式？
- 如果报告作得很好，别人会怎么看？
- 如果报告作得不好，别人会怎么看？
- 怎样才能作出有效果的报告？
- 怎样才能在作完报告后得到别人的表扬？
- 如何下工夫才能在作报告的时候不紧张？

以上就是 400 个标题。更深刻地挖掘这些标题，或者从多个角度来做笔记的话，很容易就能写出近千页的笔记来。短时间内希望获得成长的人还有闷闷不乐的人请一定尝试做笔记。

脑海中一想到什么就要立刻做笔记。头脑混沌不清的时候，也不用勉强自己写得很好，只要倾吐出来就可以了。在想不到标题以及还不适应的时候，只要参照上文中那 400 个标题就可以了。因为不必烦恼考虑标题，所以 2 到 3 个星期的尝试就足够了。只要经历了这一段努力，毫无疑问，任何人都会变得头脑清晰、内心平和了。

第 4 章

充分利用笔记

从整理思绪到企划文案

- 深入挖掘笔记更有效
- 多角度地写一个标题
- 笔记的拓展
- 笔记和逻辑树的关系
- 从笔记中归纳企划书
- 让同事和家人也记笔记

4.1 深入挖掘笔记更有效

根据已经写好的笔记,将每一页那 4 至 6 行正文分别作为标题,再写个 4 至 6 页的笔记的话,那么您的思考便会更加深入,思绪会得到更有效的整理。写下的笔记也会更加有内容、有分量,人也会感到更加轻松。

举个例子,比如说像"笔记 10"这样,写一个"为什么部长不和我说话?"的笔记。以下是笔记的正文。

➡ 笔记 10

为什么部长不和我说话?   2013-12-1

– 是不是因为部长不满意前几天我在会上的发言?

– 是不是因为在意我和其他课长发生的不愉快的事情?

– 部长似乎总是和夫人吵架,是不是他只是单纯地不高兴?

– 部长是不是只是因为很忙所以没有时间跟我说话?

"是不是因为部长不满意前几天我在会上的发言？"

"是不是因为在意我和其他课长发生的不愉快的事情？"

"部长似乎总是和夫人吵架，是不是他只是单纯地不高兴？"

"部长是不是只是因为很忙所以没有时间跟我说话？"

我们要做的就是将这些全部当作标题再继续做笔记。

首先，将第一行的"是不是因为部长不满意前几天我在会上的发言？"作为标题来做笔记的话，就是下面的"笔记11"。

→ **笔记11**

是不是因为部长不满意前几天我在会上的发言？　　2013-12-1

– 在前几天的会上，是不是对部长的提案唱反调有点过了？

– 内容应该没有什么问题的，难道是表达方式不好？

– 我究竟能不能作出使部长满意的发言？

– 再试着按照部长喜欢的方式发言就好了。

根据这个，就可以将脑海中浮现出的"部长是不是不满意我之前的发言"这个念头更加深入阐释为：

– 在前几天的会上，是不是对部长的提案唱反调有点过了？

– 内容应该没有什么问题，难道是表达方式不好？

– 究竟我能不能作出部长满意的发言？

– 再试着按照部长喜欢的方式发言就好了。

如此一来就能够对问题点逐一分析，并且可以自我反省。
第二行之后也是一样的。

➡ **笔记 12**

部长是不是在意我和其他课长发生的不愉快的事情？ 2013-12-1

– 似乎部长很在意前几天在课长会议上的对话。

– 部长是不是听说我和金田课长发生冲突的事了？

– 部长似乎对于其他课长的纠纷并没有很在意？

– 虽然部长在第二天看起来很在意，但是之后好像就忘了。

在"笔记 12"中，将部长是否是因为我和其他课长有矛盾而不跟我说话这件事写下来后，得出的结果是，好像也不用特别在意这件小事。就这样做笔记之后，一直无法释怀、影响心情的问题就迎刃而解了。相信您自己也能体会到这种不会为了杂七杂八的事情而牵扯精力的好处。

第三行则是"笔记 13"。

→ 笔记 13

部长似乎总是和夫人吵架，　　　　　　2013-12-1
是不是他只是单纯地不高兴？

- 部长好像总是星期一不太高兴。
- 在部长心情不好的时候说什么都没用。
- 如果部长仅是心情不好，那我再怎么在意也没用。
- 今天暂时就先这样吧。

　　也就是说，部长只不过是心情不好而已，所以自己也就不用太在意部长不跟自己说话这件事了，得出的结论就是不需要为此多费心。只是写了这几行笔记，内心的负担就减少了很多。

　　最后第 4 行请参照"笔记 14"。

　　通过写"笔记 14"就会发现，与其说部长是因为心情不好，其实可能是因为太忙了，自己的担心只不过是想太多了而已。

→ 笔记 14

部长是不是因为很忙所以没有跟我说话的时间？　2013-12-1

- 部长现在因为后天的企划书还没有整理好，所以忙得晕头转向。
- 似乎部长只是因为太忙了而没有时间跟下属说话。
- 这应该也不是我能怎么样的事情。

就算同事安慰自己说"只不过是你想太多啦"，自己的心情还是无法平静下来，总觉得"是这样吗？好像也不是这么回事啊"。可是一旦将这些都在笔记中写下来，就不会再有这些多余的担心了。

也就是说，之后所写的 4 页笔记可以更加深入地挖掘最开始浮现在脑海中的想法，更准确地理解部长的心情和自己的立场。如此一来，心情会更加轻松愉快，工作也会更加得心应手。

此外再举个例子，像下页"笔记 15"一样，以"怎样做才能在今年坚持不懈地学好英语？"为标题。

虽然英语学习总是没有什么进展而有些着急，但是对于如何改善，脑海中已经有了一些想法。

➡ **笔记 15**

怎样做才能在今年坚持不懈地学好英语？　　　2013-12-1

– 为什么每次都坚持不下去呢？
– 坚持 3 到 4 个星期认真学英语却没有效果的原因是什么？
– 是不是找一个干劲十足、可以跟我一起学英语的人会比较好？
– 是不是应该更加充分地利用 TOEIC？

接下来，针对"笔记 15"正文中的第一行，我试着写了"笔记 16"。

　　由此，对于为什么没能坚持学习英语也有了更加清楚的认识。通过补充写笔记，也能意识到是不是自己的精力分散在了别的事情上；或是因为成效不高而变得没有动力；或者可能只是因为学习方法很单调，也会开始考虑如果转换思路是不是就能坚持下去；或者不只是考虑自己做不到的理由，还开始想着怎么做就能坚持下去等等。

➜ 笔记 16

为什么没能将英语学习坚持下去？　　　　　　2013-12-1

– 暂时被其他事情分散了精力，结果更专注于其他事情。

– 总是看不到成效，所以失去了动力。

– 因为学习方法很单调，缺乏变化。

– 至今为止做什么事情坚持下来了？

　　以"笔记 15"的第二行为标题的是"笔记 17"。在"笔记 17"中，对于"成效"这个词作出了更深入地分析。比如是不是真的没有成效，或者仅仅是自己没有发现而已，以及怎样做才觉得有了成效。此外，还能以更积极的视角去看待这个问题，比如开始寻找"更容易看到成效的学习方法"，或思考"有没有方法能够在看不到成效时也不会失去动力"等。

➡ **笔记 17**

> **坚持 3 到 4 个星期认真学英语却没有效果是因为？　2013-12-1**
>
> – 是没有成效，还是看不到成效而已？
> – 如何才能感觉到学习有了成效？
> – 如果使用"更容易看到成效的学习方法"怎么样？
> – 有没有什么方法能够在看不到成效时也不会失去动力？

以第三行为标题的是"笔记 18"。

对于"是不是找一个干劲十足、可以跟我一起学英语的人会比较好？"这个有关解决方法的标题，我们写出了诸如"只要和有干劲、不会沮丧受挫的人一起学习就可以了"、"究竟是找个竞争者还是找一个可以带领我的人更好？"等更加具体的回答或者引导出回答的笔记。

➡ **笔记 18**

> **是不是找一个干劲十足、　　　　　　　　　　2013-12-1**
> **可以跟我一起学英语的人会比较好？**
>
> – 只要和有干劲、不会沮丧受挫的人一起学习就可以了。
> – 要去哪里找这种人？
> – 对方的优点是什么？
> – 究竟是找一个竞争者还是找一个可以带领我的人更好？

以第四行为标题的是"笔记 19"。

在"笔记 19"中，对于"是不是应该更加充分地利用TOEIC？"进行了更进一步分析，比如"通过考 TOEIC 使英语学习更加张弛有度""英语学习和 TOEIC 的分数是否对应""除了考 TOEIC 还应该做些什么呢"等。

➡ **笔记 19**

是不是应该更加充分地利用 TOEIC？	2013-12-1

– 通过考 TOEIC 使英语学习更加张弛有度。
– 如果参加每一次 TOEIC 考试会怎么样？
– 英语学习和 TOEIC 的分数是否对应？
– 除了考 TOEIC 还应该做些什么呢？

像这样，将每一页笔记的 4 至 6 行正文再分别作为另一页笔记的标题，一个接一个地写下去，思考就会更加深入。虽然这样会用掉很多纸，但是每写一页，思绪就会得到整理，写着写着就会发现自己的思考速度快得惊人。此外，在深入挖掘某个想法时又会不断想到新的想法。这样一来，也就不再觉得浪费纸张了。不断产生新的想法，新发现接踵而至，做笔记的人也会更加乐在其中。所以我推荐大家使用这种方法。

此外，还可以将已经深入思考写下的笔记（比如刚才最后列出的"是不是应该更加充分地利用 TOEIC")进行更深入的挖掘。这时，我们将会写下以下四个笔记，"通过考 TOEIC 使英语学习更加张弛有度""如果参加每一次 TOEIC 考试会怎么样""英语学习和 TOEIC 的分数是否对应""除了考 TOEIC 还应该做些什么呢"。

根据一页笔记再写 4 至 6 页笔记，按照这一做法，一旦您在做笔记时想到一个标题，就不用再烦恼没有标题可写了。

通过将一个标题（即主题）进行深入挖掘，难题瞬间就会被分成许多个小问题并得到整理，同时还可以形成从整体看问题的视角。

4.2　多角度地写一个标题

在深入挖掘某个标题之外，对于一个重要的标题，我建议大家可以不只写一页笔记，而是可以从多个角度写很多页，这样便能大大地拓宽视野。如此一来，思绪就能得到更好的整理，对带有个人情感的内容也能够冷静地做出判断。

比如写了这样一份笔记：

"为什么我总是很快就失去干劲？"

— 虽然总是决定了要这么做或者那么做，但是很快就会受挫。

— 我十几岁的时候并不是这样的，从什么时候开始转变的呢？

— 我总是读书，这件事坚持下来了。

— 如果不能将决定的事情坚持下去的话，这样下去可不行。

之后，就可以像下面这些标题一样不断做笔记。

- 我在什么时候能够将干劲坚持下去？
- 什么时候很难将干劲坚持下去？
- 什么情况下我就能将干劲坚持下去？
- 总是很有干劲的人是怎么维持的？
- 有干劲的人是如何应对自己的消极情绪的？
- 这种人就没有感到受挫的时候吗？
- 能不能模仿有干劲的人的做法呢？
- 究竟什么是干劲？是要忍耐的意思吗？
- 只做有意思和有成就感的事情不可以吗？

在做完这些笔记的 10 分钟之后，就会感觉到头脑非常清晰。自己就能够明白究竟自己什么时候有干劲、能否坚持下去、什么时候容易感到受挫。

此外，再比如说要写这样一份笔记：

"他为什么不肯共享工作上的重要信息呢？"
- 他是不是很讨厌跟别人分享信息呢？之前也有过几次类似的情况。
- 他不跟别人分享信息是不是因为觉得麻烦？或是他本身就很懒。

- 他是不是觉得我不好才不跟我分享信息的？
- 或者这只是有没有干劲的问题？他有干劲的时候跟我联系得很勤。

跟之前一样，也可以根据这份笔记再列出以下的标题：

- 他什么时候会分享信息？
- 他会跟谁分享信息？
- 他知道工作上什么事情很重要吗？
- 他不跟别人分享信息时有什么感受？
- 谁能对任何人都可以分享自己掌握的信息？为什么他能做到这一点？
- 反过来，自己有没有做到可以跟别人好好分享所掌握的信息？
- 他是不是也觉得我不常跟他分享信息？
- 人们在什么时候可以跟我分享信息？

写下这些之后，对于他为什么不跟我分享信息、什么时候会分享等问题就感觉清楚多了。对于自己极其不满"他为什么不肯共享工作上的重要信息"这件事，也会因为能够理解这个人不分享信息的理由，而得到很大程度的缓解。最起码，这样做之后会向着解决问题的方向前进。

人都会根据自己的观点对善恶、喜好进行判断。而对于自己的观点究竟是否有失偏颇，很多人其实并不知道，结果就会和别人产生冲突，或者因为不理解别人的行为而累积很大的压力。

从多个角度做笔记，就能够站在对方的立场考虑问题，跟之前比起来也就更容易理解对方的看法和行为了。一旦理解了对方为什么要这么做，自然也就不会郁闷了，生闷气的情况也会消失。

再举一个别的例子，比如说我们要写一个标题为"为什么自己不能直截了当地拒绝别人呢？"的笔记。这时，除去最开始写的笔记，再写下诸如以下标题的笔记的话，就会找到束缚自己心情和行为的真正原因了。

- 自己什么时候没办法直截了当地拒绝？
- 不能直截了当地拒绝有什么不好吗？
- 如果直截了当地拒绝，对方会怎么想？
- 对方如何看待无法直截了当拒绝他人的自己？
- 无法直截了当地拒绝，是因为不知道该具体指出些什么吗？
- 对〇〇应该直接了当拒绝的事是什么？（可以以四五个人为对象来写）
- 直截了当拒绝，好的地方和不好的地方分别是什么？

就像这样，将自己认为重要的事情、感情用事的事情、无法消化的事情从多个角度来做笔记。

这样一来就会有以下这些好处：

- 能够清楚地审视至今为止自己看不到的侧面。
- 能够充分考虑之前没有考虑到的事情。
- 对于无法理解的对方的行为、曾经特别反感的对象以及自己的行为，会有更加深入的理解，可以从其他角度来看待问题。
- 能够从整体上整理自己含糊不清的心情，以一个崭新的自我继续努力。

写 15 到 20 页笔记直到自己满意

不管是深入挖掘写过的笔记，还是从多个角度做笔记，状态好、想要写的时候不要将一天做笔记的页数限制在 10 页，想写多少就写多少。

特别是在有讨厌的事情、无论如何无法理解的事情、因为不合理的事情而非常生气的时候、意志消沉的时候，不论是深入地做笔记，还是从多个角度做笔记，只要写个 20 分钟的笔记，就会变得舒心很多。做笔记要做到自己感觉痛快、做够了为止。

如果觉得对方很不讲道理，那么就将这件事写在笔记里，如此一来便可以更为冷静地思考，可能也会更加明白对方的立场，以及对方这么做的理由。

如果对对方的期待过高，结果因失望而愤慨，也可以通过做笔记而明白为什么自己会有这么高的期待、对方有没有打算回应自己的期待、是不是对方努力了却没有做到等等，能够站在不同的立场审视。

如果头脑中的想法模糊不明，想说却说不出来而心情不好的时候，将这种模糊不明的想法全部写下来，看到本质之后，人的心情就会变好。如果看不到问题的本质，人的想法很容易就会往坏的方面发展。一旦明白了问题的本质，人的想法就会变成"最坏也就是这种程度了""可能还有什么办法"这种积极的思考，心情也会平静下来。

如果能做到写 1 页只用 1 分钟，那么调整好自己的心情就只需要 15 到 20 分钟而已。

4.3　笔记的拓展

目前为止，我向大家介绍了这种将一张 A4 纸横放在眼前、正文写 4 至 6 行的做笔记的方法。这种方法是最基本的，但是当您可以熟练地做笔记之后，我便向您推荐以下这种分成左右两部分，写上副标题的方法。在"笔记 20"中左右分别表示"目前为止的努力"和"今后"的内容。

除此之外，可以作为一对副标题的还有：

- "现在的问题"和"对策"
- "现象、症状"和"本质的问题"
- "追赶其他竞争公司"和"本公司的努力"
- "强项"和"弱项"
- "第一方案"和"第二方案"
- "总公司的努力"和"事业部的努力"
- "上司的职责"和"下属的职责"

除了这些之外，还有许多可以作为副标题的组合，只要结合大标题考虑最合适的副标题就可以了。写过几百页笔记之后，就能做到像"笔记 20"这样分左右做笔记的形式了。当然，分成左右两部分写时，写一页需要的时间将变成 2 分钟。

➡ 笔记 20

为了能够说好英语？	2013-12-1
目前为止的努力 - 本来打算每天早起 30 分钟用来学英语，结果大部分时候都没起来。 - 虽然报名参加英语补习班，但是晚上因为总加班而几乎没怎么去。 - 打算开始看英语电视剧而买了 DVD，但是只看过 3 次。 - 试着报名了网上的英语交流课程，但是因为害羞和嫌麻烦而没有坚持下去。	**今后** - 早晨果然是起不来，所以每天晚上回家之后一定要学 30 至 45 分钟英语。 - 工作日去上英语补习班是不可能了，所以找找星期六星期日的补习班。 - 看英语电视剧好像很重要，所以要努力坚持每天看一集，周末看两集。 - 为了鼓励自己，参加每一次的 TOEIC 考试。

4.4　笔记和逻辑树的关系

将语言的关系按照树形整理叫做"逻辑树"。这和深入挖掘后的笔记性质是一样的。

在逻辑树中，比如说 A 有 A–1、A–2、A–3、A–4 这几个"树枝"，而 A–1 又有 A–1–1、A–1–2、A–1–3、A–1–4 这几个"树枝"，如下图所示。

如果是深入挖掘后的笔记，则 A 是最初的标题，而 A–1、A–2、A–3、A–4 则是正文；第二篇笔记的标题则是 A–1，其正文为 A–1–1、A–1–2、A–1–3、A–1–4。

如图可知，上下层关系可以完美地对应。

而逻辑树和笔记的区别在于，做笔记的时候完全不用考虑构造等问题，能够专心把想到的东西写下来，而之后再整理排列时，就会发现这些笔记会自然而然地呈现出逻辑树的样子。

如果以头脑混沌的状态去思考如何将思路整理成逻辑树，这并非易事，而且通常会花很多时间，还会给人带来很大压力，如果不能适应这种做法，那么也就很难从整体看问题。

　　而如果使用做笔记的方法，就完全没有这方面的担心了。

只要 1 分钟 1 页，单纯地写下去自然就能看到思考的逻辑了。

➔ 逻辑树和笔记的对应关系

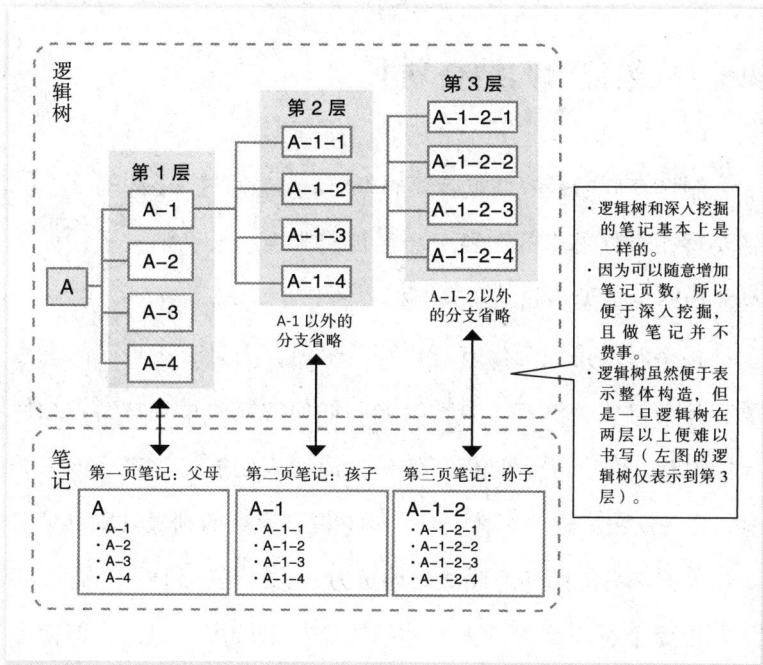

4.5　从笔记中归纳企划书

制作企划书是一件很麻烦的事情。又想写这个，想写那个，想要写在企划书里的东西一会浮现出来，一会又消失了，反反复复最终总是无法归纳起来。

很多时候是因为没有可以写的材料，而且对于自己的想法没有什么自信。没有人会教给自己如何才能收集到材料，如何才能对提交的想法有自信。如果身边有人能够告诉自己该怎么做，是一件很幸运的事情，但是能够说到重点的则极其少见了。看到大家都只能照葫芦画瓢般地努力，我总是感到很遗憾。

市面上有很多告诉大家如何写企划书的书。但是，即使参考了这些书籍也很难写出好的企划书。能够顺畅地写完企划书的人可谓少之又少，大多数人都是在烦恼中绞尽脑汁才写了几页出来。既花费了大把的时间，对做出来的企划书也没有什么自信，而且上司也总会对这份企划书挑各种各样的毛病。

但是，一旦习惯了本书介绍的做笔记的方法，那么只要30分钟就可以写出企划书的主要内容了，并且可以很顺利、没有任何压力地完成一份企划书的整体架构。一旦企划书的主要内容和整体风格成型，再进行加工润色就相对容易多了。以前令人头疼的企划书、计划表等都变得容易了许多。接下来我将分步论述这种方法。

把想到的想法从一端开始，随心所欲地写下来

首先，要将脑海中浮现的各种各样的想法每一个一页地写下来。每一个一页的意思是说，每写一个主题（即标题）就要换一张纸。

写好标题之后，将闪现在脑海中的想法写下 4 至 6 行也可以，就这样将写好的标题这么放着也可以。如果只写标题不写正文，那么写每一页的时间连 1 分钟都用不了，只要十几秒到几十秒就可以写完了。

➡ 从做笔记到写企划书的步骤

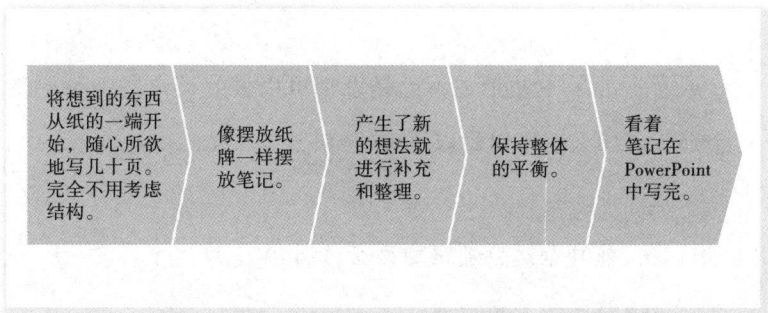

将想到的东西从纸的一端开始，随心所欲地写几十页。完全不用考虑结构。 像摆放纸牌一样摆放笔记。 产生了新的想法就进行补充和整理。 保持整体的平衡。 看着笔记在 PowerPoint 中写完。

譬如在下周之前，必须要思考"面向对以往海外旅行感到满足的顾客推出新的旅行企划"，那么笔记的标题会像下面这样：

- 并不是照搬老一套，而是包含了大家想去的地方的企划。
- 能够在当地灵活变更的企划。
- 比起想去什么地方，改变为想和谁一起去的企划。
- 并非观光之旅，而是作为美食之旅的企划。
- 并非观光之旅，而是作为当地便宜又好吃的美食之旅的企划。
- 可以品尝当地家庭料理的旅行。
- 能够和当地兴趣相投的人交朋友的旅行。
- 在喜欢的电影演员出生地观光的旅行。
- 男女各 20 人帮助缅甸建小学的旅行。
- 在台湾找寻日本文化根源的旅行。

或者，如果主题是"不论是谁都可以说好英语的新英语教育企划"，那么就可以做以下这些笔记：

- 使耳朵适应英语的语音语调。
- 将听力变成游戏。
- 通过重点学习英语发音的特色，短时间内强化听力。

- 彻底反复地朗读 50 篇重点文章。
- 自动显示出练习次数，进行排名。
- 阅读自己感兴趣的领域的英语报道。
- 在网上的英语报道中，只用大号字体阅读自己感兴趣的报道。
- 大声朗读英语后立刻评分，结果会显示在排行榜上。
- 在网上与他人竞争阅读同一篇文章。
- 纠正在英语中容易误以为自己发对了的语音语调，短期内集中教授发音。
- 因为 Skype 英语会话很难坚持下去，所以要提供能够让大家坚持下去的方法、排行榜、交流方式等。

如果主题是"将已经一成不变的中学同学聚会变得有趣起来的企划"：

- 之所以会一成不变，是因为参与者总是同样的人，所以今后要叫那些之前不来的人也来参加聚会。
- 事先让大家互相分享中学毕业后都在做什么，使彼此产生兴趣。
- 在出席同学聚会的成员中持续进行某种活动。
- 举行可以携家属参与的有趣的活动。
- 播放中学时流行过的音乐、电视剧、电影等。

- 提前两周将 YouTube 上在中学时流行过的音乐、电视剧、电影等发给同学们,在唤起他们的记忆的同时,也有助于当天的企划。
- 将场所选在中学附近的餐馆,尽可能地重现当年。
- 收集能够让人们回想起中学时代的照片,并制作成同学们会喜欢看的视频。
- 创建班级的主页,让大家可以上传当年的照片。

在写这些的时候只要写自己想到的就可以了。这样一来,想法自然就会不断出现,同时也会不断涌现出自己觉得相似的想法,但即使是相似的想法,也不要硬写在一张纸上,而是要另用一张纸来写。一旦写完就将这些纸全部摆放在一张大桌子上。

然后看着这些摆放好的笔记,一旦产生了新的想法就要立刻写下来。花个 20 至 30 分钟,写上数十页就会觉得想法基本上已经被掏空了。然后再暂时决定一个其中看起来最好的方案。为此不用有过多烦恼,因为只是暂时决定的,靠感觉来选也是可以的。

对于暂时决定的这个方案,要就以下几点每一件事情写一页笔记:这个企划是瞄准了什么人(目标用户、目标顾客)、企划的目的是什么、企划应该如何实现、时间进度如何安排、应不应该做、费用大约为多少、应该以怎样的小组来完成等。这样一来就可以写个 10 至 15 页的笔记了吧。

　　这其中的关键是"不思考直接写"。写的时候最好是自己最原始的想法、浮现出来的那一瞬间的想法。对于文章的构造、易懂程度、起承转合等全都不需要考虑。没有了这些限制，任何人的想法都能丰富好几倍。人原本就拥有的想象力、表现力和创造力都会得到更好地发挥。

　　这里所谓的"不思考直接写"，也就是说不要做复杂的思考，将脑海中浮现的最原本的想法写下来就可以了。人越是思考，越难以做到快速、深入地思考。本打算说些精彩的话，但实际上却事与愿违。我们要做的就是将这种事情彻底消除，将脑海中的想法一件接一件地写在笔记里。

　　一旦有意识地做这件事情，那么就会进入忘我的状态，或者说肯定会有想法不断涌现。在想法涌现又没有消失的时候，要赶快将其记在纸上。虽然说会不断地浮现出想法，但也不是什么特别了不起的想法，都是一些与生活息息相关的。

　　做笔记的时候，也不用考虑文章条理、叙事、理论等。即使不在意这些，之后依旧会源源不断地产生想法，这就是关键所在。这样做可以避免由于太过思考文章构成而使头脑钝化。

像摆扑克牌一样将笔记纸摆开

　　按照上述方法将想法全部写完后，要在几十页中选出看起来有用的 20 至 30 页摆放在桌子上。这时也不需要在意笔记的水准低或者内容空洞什么的，只要能将自己一边苦恼一边写下的最原始的想法摆出来就可以了。

写好的笔记要按照目录、企划的主旨、目标顾客及用户、服务和软件等具体功能、推广方案、备选项的比较、日程、推进机制、必要资金、收支预测等分类并展开。这个时候需要一张比较大的桌子。

下页照片中，是按照最左边为封面，下面是目录，再下一行是根据目录书写的各个章节，之后是各个章节的数页笔记。在摆放的时候，部分笔记需要重写和整理。

有了新的想法就继续补充并整理

看着摆放在桌子上的 A4 纸，如果有了新的想法，就要继续做笔记写下来，不用考虑文章的结构。如果发现同样的内容写了两页，那么就将这两页的内容归纳整理为一页。如果觉得有的地方写得不充分，总感觉少了些什么，就要立刻补充再写一页，而这项工作也都要在 1 分钟内完成。在丢弃没用的笔记时，因为都是在 1 分钟内写完的，所以也不会觉得可惜。只要想写，什么时候都可以接着写好几页。

整理笔记时的关键，是考虑这个企划能否获得目标用户及顾客的反馈、能否打动他们的心、会不会让他们感到吃惊等。因此，在最初要明确确定谁才是目标用户及顾客。而要做到这一点其实很难，原因有以下几点。

第一，自以为知道要以谁为对象。但实际上很多时候自己

摆放好写完的笔记

并没有自认为的那么清楚，而且团队并非拥有共识。即便大体意见一致，但是在细节上总是会有诸多出入。大多数的时候，自己的想法和团队的合作伙伴、成员的想法会出现分歧。因为大家一般都不会明确说明"我们的目标用户及顾客就是这类人"，所以总是过了很久才发现原来大家的想法并不一样。比如说，自己原本打算以"20 至 29 岁的女性"为对象制作企划书，但是团队的成员却将"25 岁以上，主要为 30 岁的女性，甚至包括 40 岁的女性"作为对象；或是自己以"30 至 39 岁的宅男"作为目标人群，可是团队的人却将"喜欢游戏的 25 至 29 岁男性"作为对象。这样一来，在企划之初便有了很大的分歧。

第二，很难限定对象的范围。如果仅是"20 至 29 岁的女性"的话，这个目标对象的范围就太大了。究竟是"城市里住在自己家的 20 至 29 岁的女性"，还是"每个月在服装、化妆品上花费 3 万日元的 20 至 29 岁的独居女白领"等，这些差异都会对企划产生极大的影响。

第三便是基本没怎么考虑过目标用户及顾客这个问题，甚至是没有打算考虑这个根本的问题。虽然绞尽脑汁去思考了，却几乎没有想到"对谁"这个问题，所以也就只停留在"总觉得挺有意思"这个阶段了。"完全不用考虑文章的结构，想法会源源不断地涌现"，与"不用考虑这个企划究竟在谁看来会很有意思"，完全是两回事。

因此，对于目标用户及顾客不能只有一个模糊的概念，要尽量做出清楚、具体的决定。一般情况下，每一个想法的适用人群是不同的。譬如刚才所举例的"不论是谁都可以说好英语的新英语教育企划"的目标用户便分为以下几种人群：

- 特别喜欢英语，而且能积极学习的高中生。
- 真正想要学好英语，而且考虑留学的大学生。
- 想在几年内出国留学，而且进取心强的社会人。
- 因某些原因要去欧美某国，必须迅速提高英语能力的 30 多岁的社会人。
- 自己的公司突然被外资合并，今后必须用英语向上司汇报情况的 40 多岁的员工。
- 社会上开始重视英语教育，所以必须提高英语会话能力的英语老师。

以上这些人群的学习环境、需求以及在英语学习上的花销都不同，如果不分别进行考虑，那么设计出来的企划案将对任何人群都没有吸引力。

保持整体的平衡

写够 5 到 10 页后，就要重新再排列一次。一边重新排列，一边考虑这个顺序及内容，对同事、上司、顾客或者投资家来说是否会喜欢，是否会有共鸣。如果感到不满意，那就重新改变顺序，继续写新的笔记并继续进行调整。想着自己现在是上司、顾客或者投资家，而不断地改变自己的立场、进行想象和修正。

如果对一个地方进行了修改，那么其他地方也会出现要修改的部分。把这个地方修改后，又会出现新的需要修改的地方。当这些地方都改好后，就需要再三番五次地重新审视一遍整体，这样便能够以一个很流畅的顺序来对企划书进行说明了。

一旦适应了做笔记的方法，那么到这一步便只需要 30 分钟到 1 个小时的时间，其关键在于一口气将脑中所想写出来，一边审视，一边添加新的发现，并快速进行修改、制作成型。

一边看笔记，一边用 PPT 写好

一旦完成企划书的主要内容，那么就轮到 PowerPoint（或

KeyNote）首次出场了。一边看着桌上摆放的笔记，一边在 PPT 中制作封面、目录、各章的内容。虽然有时候一页只有一个标题或者只有三四行，但是没有任何关系，就这样使用这些笔记就可以了。

这期间与其说是在思考，倒不如说是一边看着桌上的笔记，一边将笔记的内容输入 PPT 中，也就是在每一页 PPT 里不断地输入而已。从打开 PowerPoint 这个软件开始，大概 30 分钟左右就可以把笔记的内容全部输入进去，这有一种好像完成了整体架构一样的速度感。

这时，笔记中所写的内容就全部输入 PPT 中了。顺便一提，原来的笔记作为一种记录，可以用订书机装订好后保留下来，但其实也没有重新再去看的必要了。这些内容都已经记在脑子里了，并输入在 PPT 中变得更容易阅读，而且是修改过的版本。

之后的工作就是一边修改目录和各章的内容，一边将每一页的内容补充完整。对于一开始仅仅是输入 PPT 中的内容，会不断产生修改的想法，我们需要做的就是尽可能将这些想法呈现出来。

到这里为止，我们已经毫无压力、非常顺利地完成了企划书的制作过程。通过几乎不考虑整体结构、整理个别想法，就可以输入全部内容，细节的部分也逐渐得到了完善。

用几天时间完成企划书，修改细节提高水平

一旦完成了企划书，下面要做的就是至少将其放置一天，如果可以最好多放置几天。这期间，因为企划书已经大体完成，所以目前处于一种"在交稿之前不用勉强去赶企划书，已经没有还没写完的部分，全都搞定了"的状态，所以就可以去做其他的事情。

这样一来，就可以在没有压力的情况下，从某种程度上客观地看待问题。这时，诸如"这里有点不好懂""这里这样修改会更好"之类的发现会不断出现，就需要随时根据这些新发现进行修改。然后再这样放置一阵，经过这段"酝酿时间"，企划书的质量便会得到惊人的提高。

麦肯锡的做法则更加积极主动，在向客户进行介绍的一个星期前就已经进行了彻底地思考，完成了项目报告书和提案书。这期间还完成了推翻重新再来的过程。也就是说，先要将报告书做到足够向客户汇报的程度，然后再推翻一次。虽说是要推翻原有的报告书，但是由于已经完成了必要的分析和实施方案，所以只需要几个小时就能对顺序做出调整，重新整理看问题的方法。

这种做法是基于问题解决的步骤，以及与客户最有效地交流并不一致的想法。大多数情况下，按照这一做法，就能制作出极为有效的、能够打动客户的报告书。

4.6　让同事和家人也记笔记

让别人也写笔记

　　如果不单单是自己一个人做笔记，而是团队全员共同努力的话，便有可能获得更大的成果。首先，全员做笔记有利于提高整体的速度。因为做笔记的时间限制在 1 页 1 分钟以内，所以所有的讨论、分析、决定、执行的速度都会得到提高，大多数人都会犯的兜圈子的毛病也会大幅减少，并且双方总是就责任和分工等僵持不下的局面也会消失。

　　最重要的是，大家产生了共同语言，所以沟通也会更加迅速。没有了隔阂，就能够高效率地推进项目的进行。

　　如果全员都做笔记，对于团队内部发生的不愉快的事情，便能防患于未然。即便产生了矛盾，也能够迅速解决。也就是说，做笔记强化了团队的再生机能，增强了凝聚力。

　　让我又惊又喜的是，曾经有人问我，是不是也可以让小孩子做笔记。曾经有一个父亲开始做笔记之后，便告诉还在上小学的孩子和自己的太太也开始做笔记。已经上小学的孩子能够开始做笔记了，而且如果从小就对孩子进行这种锻炼，那么这个孩子的未来将让人非常期待。

一边倾听他人烦恼，一边为其做笔记

到目前为止，为大家所介绍的做笔记的方法都是自己写自己的事情。其实，一边倾听别人的事情，一边为其做笔记这种做法，也有很多人表示"思绪得到了整理""原本很在意的事情解决了"。这是因为很多人无法整理自己的心情，并因此备受困扰。

如果坚持写一个月的笔记，也就是 300 页的话，几乎可以说是换了一个人一样，整理问题的技巧会得到极大的提高。而且能够很好地听别人说话，听完之后还能够很好地整理。

倾听别人的事情时，要一边听一边记下重点，不用过于着急。就是要一边倾听对方的烦恼和困扰，一边将重点逐一记下。

一旦写完这份笔记，消极的情绪和被害者意识都会在某种程度上得到缓和，整个人也会变得平和、积极起来。

做完笔记之后，要将这份笔记交给对方。这样做之后，对方几乎都会对做笔记产生兴趣，这时可以简单地告诉对方该如何做，可能的话最好当场就请对方写几页笔记。因为并不能百分之百地平复自己的情绪，所以请对方回家后再继续写上 10 到 20 页，对方就更能够感受到做笔记的效果。通过向对方推荐做笔记的方法，你在对方心里的地位也会大幅提高。

第 5 章

笔记的整理和活用方法

分类归放，二次利用

- 分类放在透明文件夹中进行整理
- 重新审视文件夹的分类
- 做笔记之后

5.1　分类放在透明文件夹中进行整理

一旦开始每天做笔记，那么笔记的数量是非常多的。虽然仅仅是将头脑中模糊不明的想法写出来，就已经有非常明显的效果，但是如果能将这些笔记分门别类地整理的话，思绪也会得到更进一步的整理。其中最有效的整理方法，就是使用透明文件夹。

在透明文件夹上贴上小标签

每天做 10 页笔记的话，两周就是 140 页。如果就这么放置不管，很快就无法整理，所以我推荐大家在写了四五天后，就按照 5 到 10 个类别进行分类。具体做法是，在准备好的透明文件夹上贴上小标签进行整理。

在透明文件夹下方 3 厘米处，贴上合适长度的小标签即可。贴的位置不能在最下方，因为如果里面放了太多纸张，这个小标签很容易脱落。

在写标签的时候，不要用圆珠笔，用马克笔写会更容易看清楚。为此，要在家里和办公室各备一支马克笔。

在进行分类的时候，按照自己的兴趣、不同的领域来分类会更方便。我会这样分类：

① 未来的目标、想做的事情

② 和他人的交流

③ 团队管理

④ 新想法

⑤ 思考的事情

⑥ 收集信息

⑦ 听到的事情

⑧ 会议

（除此之外，我还为每一个项目准备一个不同的文件夹。）

用马克笔在小标签上写分类名称

新しいアイデア

　　可以将写有今后打算做的事情、想做的事情、怎么做才能改变现状的笔记都放在①"未来的目标、想做的事情"这个文件夹中。虽然并不频繁，但是这份笔记将会成为心灵的指针。

　　我最关心的话题其实是②"和他人的交流"。我总是在思考怎样做才能和公司同事以及其他公司的人更有效的交流。其中，我最感兴趣的是怎样做才能对对方所说的话产生浓厚的兴趣，迅速使两个人交流得很投机。既然有可以和对方交流融洽的时候，也有刚一开会就觉得"完了，跟这个人没法好好交流"的情况，只是想着怎样才能尽快结束这个会议。在这种会议之后我写了很多笔记。怎样才能和颜悦色地与人接触，对我来说也是一个非常重要的课题。

　　在我刚进入麦肯锡公司之后不久，③"团队管理"就成为了我的一个非常重要的课题。那时，我作为一个刚刚起步的咨询师几乎毫无经验，却要管理 4 到 6 个人左右的客户小组，还要进行大量的分析、访问，提出能够大幅提高公司业绩的方案。在进入麦肯锡第 4 年之后，因为我曾经参与 LG 集团的经营改革，所以当时我被要求同时参与 10 个以上的项目，并创造出能够跟每一个项目的麦肯锡员工和客户小组不断交出成果的环境。即便是对于现在，以风险共同创业和经营支持为主的麦肯锡来说，项目与风险的团队管理以及提高效率、创建一个所向披靡的小组也是永远的课题。所以，人们会考虑很多事情，拥有很多想法，然后反省自己应该怎么做。

对于④"新想法"也就是字面所指的在商业或生活中感觉不错的新想法。想到的时候，或者有所感触的时候要赶紧写下来。对于为什么自己想不到、怎样才能想到等问题也要写下来。虽然想到新想法便付诸行动的人，与听到别人的想法后遗憾自己怎么就没想到的人之间的差距很大，但是在做笔记的时候则完全不用在意这些。因此，其实这一类应该归纳为"有关新想法的各种事情"更为恰当。

关于⑤"思考的事情"，是因为除了上述④"新想法"之外，我还会将在思考的事情和在意的事情写在笔记中。内容也非常宽泛，比如怎么样才能提高工作的业绩、电子书今后会有怎样的发展、怎样才能让日本人说好英语等等。

在⑥"收集信息"的文件夹中，我所写的笔记包括收集信息的方法、高效的整理方法、如何检索收集到的信息的方法，以及这样做就成功了或者没成功等等。我会将有关收集信息的自己的想法和在意的事情的笔记都放入这个文件夹里。虽然有很多人并不太在意收集信息这件事，但是为了让头脑更灵活，并拥有更多想法，收集信息其实是一件很重要的事情。

如果每天花费一点点时间高效率地收集信息、增长每天的见闻、思考该如何利用收集到的信息，几个月后就会产生很大的影响。所以，我非常喜欢写关于收集信息的笔记。在收集信息这个领域，总是会不断出现效率很高的新服务行业，因为每一次都需要对其方法论进行修改，所以一旦有所松懈就会跟不上形势。而当自己开始留意的时候，就会发现更好的方法早就普及开来了。

有关⑦ "听到的事情"，其实并非本书介绍的做笔记的方法。如果在聚餐或听演讲时听到非常棒的内容，我一定会用 A4 纸将这个内容完整地记录下来。这其实是一般意义上的做笔记，需要做的便是将对方的话尽可能一字不漏地记录下来。所以，这时并不是要在一张 A4 纸上只写 4 至 6 行，而是要从上到下紧挨着写。

具体做法是，将一张 A4 纸横放在面前，然后将 A4 纸看成左右两部分，先在左边从上到下地做笔记，当左边写完之后再在右边继续从上到下地写。这时候因为内容的分量十足，所以能够用很快的速度书写。1 个小时的演讲就能写出 3 到 5 页。

这样做可以完完全全地保留下重点。

有时在聚餐时由于要考虑周围的氛围，会不方便做笔记。比如一旦自己开始做笔记，对方就会产生戒心而不再继续说下去，最后为了恢复气氛也无法继续做笔记了。这种时候，我会在回家的电车上回想，并在脑中重现当时的场景，然后写 5 到 7 页的笔记。多做几次，那么听到的重要内容就会毫无遗漏地都写在笔记里了。因为聚餐往往都要超过两个小时，所以事后要边回忆边做笔记的分量也很大。但是在事后回忆时很难记住数字，所以我会在聚餐中途去趟厕所，然后把数字记下来。因为就算只是在别人面前把数字记下来，对方还是很可能会中断谈话。

"听到的事情"这个文件夹，其实相当于自己的智慧宝库。虽然这可能是一个大家想不到的分类方式，但却非常方便。不仅限于笔记的分类，在对其他事情进行分类时，将难以划分的类别归为"其他"的话，就可以消除分类时的犹豫了。虽然"听到的事情"并不属于"其他"这个类别，但是它同"其他"一样，是一个可以涵盖广泛内容的变通的分类。

我在⑧"会议"的文件夹中所放的笔记，和刚才提到的"听到的事情"的文件夹中的笔记的写法是一样的。因为每天都要参加好几个会议，所以我会简单地将需要记录下来的事情做成笔记。如果在项目中出现大量的笔记和资料，我就会放到那个项目相应的文件夹中；如果是比较简单的内容，我就会放在"会议"这个文件夹里。

顺便一提，我曾经在开会时拿到过用 A3 纸打印的资料。这时我会将 A3 纸对折，印有文字的那面朝上，然后直接把这个资料放在 A4 的文件夹里保存。

5.2　重新审视文件夹的分类

关于文件夹的分类，既可以完全按照我刚才说的进行处理，也可以根据个人喜好进行一些调整。当写过的笔记页数超过 100 页时，因问题意识、所处环境及需求等方面的差异，有时会感到这种文件夹的分类方式不太切合。如果在每天晚上睡觉前准备将今天的笔记放进相应的文件夹时，出现了不知道该往哪个文件夹里放的情况，就是一个信号了。

接下来我将举例进行说明，假设：

1. 制作了"团队的领导能力"和"团队管理"的文件夹；

2. 总是会犹豫到底该把笔记放在哪个文件夹里；

3. 有关"领导能力"的标题总是浮现在脑海里，因此写了很多笔记。

这时，就应该将"团队的领导能力"和"团队管理"这两个文件夹合二为一，将文件夹名称改为"领导能力"，并将原本两个文件夹中的笔记全部拿出来，按照时间顺序重新整理，放到新的文件夹中。也就是说，虽然"团队的领导能力"和"团

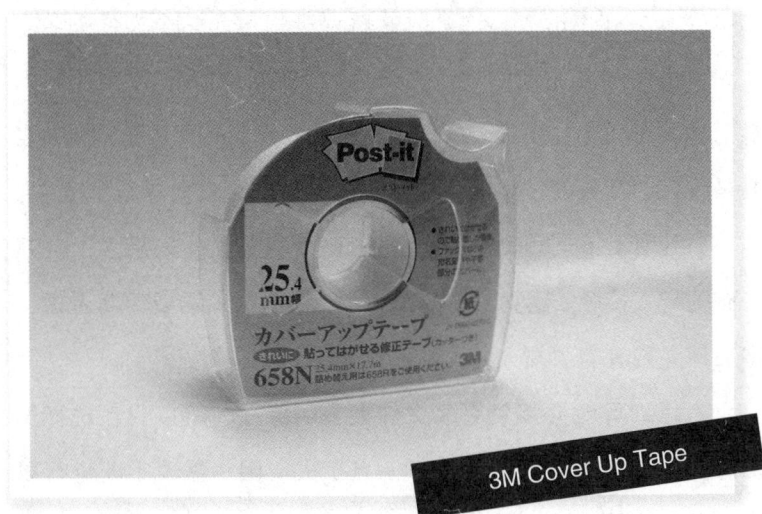

3M Cover Up Tape

队管理"对于自己来说是两个关键词，并打算进行分类，但实际上这两个定义在自己脑海中并没有分得很清楚。

从重新分类这天开始写的笔记，如果能够毫不犹豫地放在"领导能力"这个文件夹中的话，那就说明这个新的分类是正确的。

除了将文件夹合二为一之外，有时还要将一个文件夹一分为二。比如，我们现在有一个"团队管理"的文件夹，但是对于自己来说"下属管理"和"项目团队管理"是两大部分，每次把相关笔记放进文件夹时，都会觉得"啊，这个是下属管理的内容""这个是项目团队管理的内容"的话，就需要将这个文件夹分成两个了。

此外，有时候可能不会犹豫该怎么进行分类，但是总是感觉文件夹名称不恰当，这个时候就要赶快重起一个文件夹名。比如，虽然一开始起的文件夹名为"领导能力"，但是所写的笔记基本都是有关社长的领导能力的内容，如果觉得文件夹名要是改为"社长的领导能力"会更贴切，那么就要进行更改。

再比如，在"和他人的交流"这个范畴里，如果多了好几张有关与人接触、建立关系的笔记的话，有时就需要重新考虑，将文件夹名改为"与人的交流和接触方法"。

考虑到可能会频繁更改文件夹名的缘故，所以我在选择用来写文件夹名的贴纸上也下了一点工夫。因为需要不断进行更改，所以我希望有一款好贴、不易脱落，而且在需要的时候又很容易撕下来的贴纸。就我所知，有一种贴纸可以满足我这种比较矛盾的需求。这便是 3M 公司的"Cover Up Tape"。这种胶带十分方便粘贴和撕下。用的时候只要配合文件夹名，撕下相应长度的胶带贴在文件夹上，然后用一直准备着的马克笔重新写上文件夹名即可。

这个简单的操作其实跟思路的整理也有很大关系。虽然可能有的人觉得凌乱的桌面会让心情平静，但是我属于会将能整理的东西都整理起来的类型（因此，我在找东西的时候基本不怎么花时间，资料一般几秒钟就找出来了）。能够瞬间找到自己想要的东西的关键，和文件夹分类性质是一样的。只要将某个东西准确地分门别类，对类别的名称如果不满意就修改到满意为止，最后找个地方放起来就可以了。

　　关于文件夹的分类，只要进行过这一系列的操作，一旦觉得修改得差不多了，今后也就没必要再做修改。由此，自己的问题意识得到了很好的整理，会感觉自己写好的笔记正好符合某个文件夹的类别。如果出现跳槽、升职和负责的工作发生改变等情况，文件夹的分类也要依次进行调整。一旦整理过一次文件夹分类，今后的文件夹整理工作就会相对容易不少。可以说，通过整理文件夹来整理思路，就会清楚重新分类的方法和流程。

　　如果有了新的工作或者人际关系，就可以创建新的文件夹。每当我接到新的工作时，我都会创建相应的新文件夹，这是令人心情舒畅的操作。

5.3　做笔记之后

　　我的透明文件夹都堆放在桌子的左边。每天晚上睡觉前，我都会将当天写的 10 页笔记迅速放入相关类别的文件夹里。

　　一旦文件夹里的笔记纸多起来，我就会给这个文件夹编上号码，然后旧的文件夹放在别的地方保管。在桌子左边最多堆放 5 到 7 厘米厚的文件夹就可以了。一旦超过这个厚度，就不

在桌上对方的文件夹大概是这个厚度

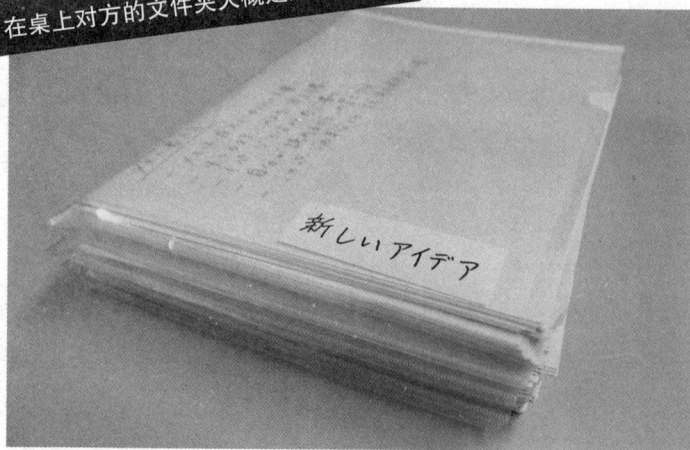

新しいアイデア

好整理归纳。虽然有时会将一些文件夹带在身上，但是大部分仅仅是堆在那里而已。

　　这里要提醒大家注意的是，文件夹要放在不会被别人看见的地方。因为所做的笔记中写了自己所有的不满和问题意识，而且还写上了真实的人名。如果有可能被员工或家人看到，就请一定放在更安全的地方，才会比较安心。

笔记的保管方法

　　如果每天做 10 页笔记，那么 6 个月就是 1800 页，1 年就是3600 页。这些笔记最好不要扔掉，而是应该好好保存起来，这些也是自己成长的证据。之后我还将进行解释，在这里先简单讲一下，一份笔记做完之后过了 6 个月就不用再重看了。但是，这些笔记的存在证明了自己思考的积累，也将成为自己自信的源泉。

我多年来的文件夹

一个透明文件夹可以放 300 页笔记，也就是说 3600 页笔记需要 12 个文件夹。将这些文件夹堆在一起的话也不会占用很大的面积。我自己是将做好的笔记全部放在纸箱里保存起来，再将这个纸箱放在书架上就不会那么碍事了。虽然会存在一些占用空间的问题，但是这是我非常想推荐给大家的做法。

平时不重新看笔记

将每天做好的笔记不断分类放到透明文件夹中，而平时是不需要重温这些笔记的，只需要写完就收好，仅此而已。如果想到了之前写过的类似的题目，也不用犹豫，直接写下来就可以了。反正只需要 1 分钟的时间，而且绝对是写出来会比较好。

就像我之前一直重复的，不需要重温自己以前是怎么写的，只要重新写一份笔记就可以了。即便标题和正文跟之前的略有不同，也完全不用介意。归根结底，这些笔记不是用来互相比较的，所以有些出入完全没问题。对于自己在意的主题、标题，反复地做笔记，其实是一种极其重要的练习。每写完一次，自己含糊不明的想法就会以文字的形式表现出来，再通过自己的眼睛进行确认，由此一来，语言能力就会得到更进一步的提高。

如果是自己非常在意的主题、标题，可以花几个星期到几个月的时间，写上五六次甚至 10 次以上，一旦写过这么多次，那么对于这个主题或标题的内容就能完全掌握，人也会感觉非常痛快，思路也得到了彻底的整理。

我刚刚进入麦肯锡的时候，曾经写过无数次"该怎么做访问""如何整理访问结果""应该怎样管理团队""如何归纳报告书"等主题的笔记。由此，我也逐一确认了作为一名咨询师的基本技巧，领悟了最好的咨询方法，自身得到了迅速的成长。

每三个月整理一次文件夹，并粗略地泛读

对于分好类别的文件夹，要做的只是不断把笔记按照类别放进去，积攒起来就可以了。因为只要将头脑中模糊不明的想法全部倾吐出来、清理干净，就能够得到充分的效果。也不需要逐一回顾重温，只要一直写下去，头脑就会迅速变得灵活起来。

但是，为了能够清楚自己的成长过程，每 3 个月粗略地看一下之前写过的笔记会比较好。因为新的笔记总是放在文件夹的最上面，所以回顾的时候要从底下开始，按照时间的先后顺序重新排列，最旧的笔记在最上面。这项工作只需要几分钟就可以了，然后再花几分钟时间简单地通读一遍就可以了。

全部文件夹都要进行这项处理，然后粗略地观察自己以前写过的笔记。每天写 10 页，3 个月就写了 900 页，看着这些笔记时，会获得非常大的成就感，而且还会有很多发现，诸如"那个时候我是那么想的啊""我以前为了这种事苦恼过啊"等。就算每天只写三四页，那么 3 个月也有 300 页的笔记，在重看时也会有很多发现。这种时候，希望大家一边回顾，一边从这天开始下定决心每天做 10 页笔记。

再过 3 个月以后重新看一次

再过 3 个月之后（也就是做笔记之后 6 个月时），要重新整理一遍补充的笔记，并将自己之前回顾过的笔记再重新看一遍。这样一来，大部分内容就都记在脑子里了。

有的时候在回顾笔记时，甚至会有到底是谁写了这么有说服力、有条理的笔记的感觉。这个"谁"当然是自己了。

通过在 3 个月和 6 个月的时候分别回顾重温，就会完全清楚自己曾经为什么事苦恼、后来决定怎么做、那之后事态又是如何发展等，可以由此探寻自己的轨迹，而在这之后就不再需要重温了。也就是说，当 3 个月和 6 个月时的重温结束后，原则上以后就不用再回顾之前写过的笔记了。因为写出这些笔记就已经获得了很大的收获，第二遍看的时候又再一次进行了理解，所以已经足够了。

后　记

　　本书从人为什么不能进行深入思考开始，论述了至今没有人介绍过的、真正有用的锻炼思考能力的方法。这种方法是基于人与生俱来的思考能力究竟受到了多大的妨碍，应该怎样做才能将其发挥出来的观点，通过我自己写过几万页笔记的经验，并找到了一千多人进行尝试后总结出的方法。

　　本书中，我向大家进行了这样的说明：大多数人一旦想要归纳总结，头脑就不转了。所以不刻意归纳、思考，只是将感受到的东西原封不动地写出来，思考就会得到很大的提高。

　　而这种方法的终极境界便是"零秒思考"。对于思考这件事，不再有抵触情绪，对于现状的把握、问题的整理和实际行动都会很快产生想法。一旦坚持几个月每天写 10 页笔记的话，大家就会逐渐理解这种"零秒思考"的感觉了。

　　做笔记这种方法并不仅限于使用日语。2012 年，在印度的孟买和加尔各答，我在为制造业的干事们开展"经营计划制作"的研究会时，也向他们介绍了"做笔记"这种方法，并让他们每个人写了 10 页笔记。用英语做笔记和用日语是完全一样的格式和写法。

　　当时我请制造业的中坚企业及大企业的 120 名经营干事同时做了笔记，场景非常壮观。大家都有强烈的成长欲望，看到大家认真专注的样子我非常感动。

　　希望本书能让更多的人以"零秒思考"为目标，努力做笔记，以一种心情舒畅、高效率的状态工作，并充实自己的业余生活。

出版后记

话在嘴边却不能顺畅表达出来？想法千千万一提笔却不知该从何写起？开会抓不住重点，不知该如何回答和提问？头脑空空、迟迟无法动笔写企划案？你是不是也会遇到如此困境？

当被上司说"你再好好想想，这样不行""这个方案太单薄了"之类的话时，我们都明白对方要求自己更深入地去思考，但至于到底具体如何去做却总是犹犹豫豫、找不到好办法。

这本书教你的就是如何把心中想法落实到语言和实践中的具体做法——零秒思考。

作者在麦肯锡公司的 14 年中，参与了企业的经营改革，深知员工的战斗力会很大程度上左右一个公司的未来，所以非常重视一个人的深入思考、制定解决方案，并能够彻底执行的能力。本书讲述的"零秒思考"就是他从多年实践中总结而来的。

简单来说，这个方法便是将浮现在脑海中的想法一个一个写下来，仅此而已。但是，并不是写在记事本或电脑里，而是将每一个想法都用 1 张 A4 纸进行记录。

从内容上看，"零秒思考"看似简单、不足道之，实则极具实践性，易学、实操性很强。不同于市面上很多"思维训练"的书籍，总是理论大于实践，论述上头头是道，可实际操作起来却无从下手。作者在书中对"零秒思考"进行了详尽的阐释。从理念到具体步骤极尽翔实，让人看过之后就想立即实践。

在一般人看来，"深思熟虑""前思后想"才是思考的关键，仿佛思考时间的长短与思考的质量总是呈正相关。但读过这本书你就会发现，长久思考原来不一定稳赢，有效率的思考才是胜出关键。因为如作者所述，很多有价值的创意、想法，往往会在一遍一遍、反复思考的过程中被消磨殆尽。

此时，能做到"零秒思考"就显得至关重要。只有先记下所思所想，才有可能衍生活用到工作生活当中。

这是一个看似简单却大有裨益的方法，不仅能提高工作能力，还可以整理思绪，进而使你的人生不再冗杂、没有条理。

读者服务：133-6631-2326　188-1142-1266
服务信箱：reader@hinabook.com

后浪出版公司
2017 年 1 月

图书在版编目（CIP）数据

零秒思考：像麦肯锡精英一样思考 / (日) 赤羽雄二著；曹倩译 . -- 南昌：江西人民出版社，2017.6（2019.3 重印）

ISBN 978-7-210-09188-2

Ⅰ . ①零… Ⅱ . ①赤… ②曹… Ⅲ . ①思维形式－通俗读物 Ⅳ . ① B804-49

中国版本图书馆 CIP 数据核字 (2017) 第 041527 号

ZERO BYO SHIKO
by YUJI AKABA
Copyright © 2013 YUJI AKABA
Chinese (in simplified character only) translation copyright © 2017 by Ginkgo (Beijing) Book Co., Ltd.
All rights reserved.
Original Japanese language edition published by Diamond, Inc.
Chinese (in simplified character only) translation rights arranged with Diamond, Inc.
through BARDON-CHINESE MEDIA AGENCY.
本书简体中文版由日本钻石社授权后浪出版公司出版。

版权登记号：14-2016-0431

零秒思考：像麦肯锡精英一样思考

作者：〔日〕赤羽雄二　译者：曹　倩　责编：王　华　胡小丽
出版发行：江西人民出版社　印刷：北京天宇万达印刷有限公司
889 毫米 × 1194 毫米　1/32　6.5 印张　字数 126 千字
2017 年 6 月第 1 版　2019 年 3 月第 6 次印刷
ISBN 978-7-210-09188-2
定价：32.00 元
赣版权登字 -01-2017-133

- -

《零秒工作》

著　　者：（日）赤羽雄二

译　　者：许天小

书　　号：978-7-210-08832-5

版　　次：2016年12月第1版

定　　价：36.00元

如何更快、更好地完成工作？如何减少时间浪费，让工作进入良性循环？活跃于麦肯锡14年的作者多年来一直在思考如何最大限度地提升工作效率，核心就在于"速度解决一切"。想要提升工作速度，就要对工作有整体的印象，精确找到工作中的重要环节；不要过于追究细节，适当忽略；找到改善工作效率中可以改善的点；提前完成所有能够完成的工作，拒绝拖延症。书中更有作者多年工作经验总结得出的提升工作速度的技巧，让你在工作中先发制人，永远抢占先机。

内容简介

该做什么工作？按照什么顺序推进工作？如何提高每一项的工作速度？我们即使知道工作的效率和速度很重要，却还是因为工作进度缓慢而痛苦不堪，找不到解决办法。

本书作者曾在麦肯锡工作14年，一个人同时负责7-10个项目。独立创业后，同时参与数家企业的经营改革，每年举办的演讲超过50次……作者能够完成如此庞大工作量，其关键在于其工作哲学就是："思考的速度可以无限加快"和"工作的速度可以无限提升"。掌握了能够瞬间整理脑中思路的"零秒思考力"之后，你还需要能够快速、高效完成工作的"零秒工作术"。

本书中不仅有提升工作速度的基本观念，还有详细解说"零秒工作术"的具体做法，更有作者多年经验总结得出提升工作效率的诸多方法：凡事抢先一步做好准备，让工作进入良性循环；在电脑中登录200-300个常用词汇；利用白板提升会议效率，等等。有了这样的基础，再复杂的工作也能迎刃而解，让你在工作中充满自信。

《哈佛的6堂独立思考课》

著　　者：（日）狩野未希

译　　者：陈娴若

书　　号：978-7-210-07489-2

版　　次：2017年4月第1版

定　　价：36.00元

　　想要面对问题说出自己读到的见解；在突发状况中找到解决方案；让自己的意见具有说服力，这些都必须依靠"独立思考"才能做到。没有思考过的意见，既不会受到其他人的信任，也不会有影响力，更无法达到任何效果。本书作者要告诉你的是如何建立属于你自己的独特意见，做到真正的"独立思考"。

内容简介

　　开会讨论时，无法顺利地表达自己的意见、提出好问题？小组报告时，无法充满自信地说出具有建设性的意见？想要让自己的意见更具体、更有说服力？这都必须依靠缜密的"独立思考"才能做到。没有经过仔细思考的意见，既不会受到其他人的信赖，也不会有影响力，更无法达到任何效果。

　　本书根据哈佛大学提倡的自我意见建立法则和批判性思考，提出了"为意见找根据""区分事实和意见""推敲自己的想法"等建立属于自己意见的6个步骤，更有诸多的实践方法让你学会真正的"独立思考"。在这个瞬息万变的社会，只有锻炼"独立思考力"才能让你脱颖而出。

《麦肯锡教我的思考武器》

作　　者：（日）安宅和人
译　　者：郭菀琪
书　　号：978-7-550-22207-6
出版时间：2013年12月第一版
定　　价：29.80元

内容简介

从议题出发，创造有价值的工作
摆脱"没有功劳也有苦劳"的败者思维
事半功倍！四步完成工作的思考流程！

大多数人在面对工作和问题时，总是还没想清楚"真正的问题究竟是什么"，就急忙动手去处理、去解决。然而，像这样一味求"快"、忙得团团转的结果，往往是白费力气，最后步入事倍功半的"败者之路"。

这本书告诉你，遇到问题时，先慢一点动手！因为有一件事比急着动手更重要——先判断："这个问题重要吗？"

本书作者根据自己在麦肯锡公司工作时积累的丰富经验以及脑神经学的专业背景，设计出一套极具逻辑性的问题解决思维模式——先找到真正的问题，想清楚目的再动手，搜集个性化信息，组建故事线，划定答案界限，整合有用材料，最后交出完美成果。

还在欺骗自己"没有功劳也有苦劳"吗？NO！交出有价值的成果才是好工作！